Otto Walter, Buchdruckerei, Berlin S 14

I. Allgemeines, Sammelwerke.

Handwörterbuch der Rechtswissenschaft. Unter Mitberatung von Reichsgerichtspräsident Dr. E. Bumke, L. Busch, Oberreichsanwalt Dr. L. Ebermayer, Geh. Justizrat Professor Dr. Fr. Endemann, Geh. Justizrat Professor Dr. E. Heymann, Senatspräsident am Reichsgericht Dr. O. Strecker, Präsident des Bayrischen Obersten Landesgerichts Staatsrat Dr. K. v. Unzner herausgegeben von Dr. jur. Fritz **Stier-Somlo**, o. Professor an der Universität Köln, und Dr. jur **Alex. Elster**, Berlin. 6 Bände. Lexikon-Oktav. 1926/29.
In Halbleder geb. RM. 304.—

„Es zeigt sich doch jetzt immer mehr, daß Ihr Handwörterbuch ein ganz großer Wurf war. Wie ich höre, wird es auch in der Praxis in steigendem Maße benutzt." Professor Dr. Nipperdey, Köln.

Bürgerliches Rechtslexikon. (Nach dem Bürgerlichen Gesetzbuch, dem Handelsgesetzbuch und sonstigen Reichs- und Landesgesetzen.) Von E. **Christiani**, weil. Amtsgerichtsrat. Vierte, durchgearbeitete und verbesserte Auflage von Dr. Alexander **Elster**, Rechtsanwalt Dr. Hugo Hoormann, Amtsgerichtsrat Georg Krause. Lexikon-Oktav. IV, 474 Seiten. 1930 . . . . Geb. RM. 15.—

Christianis „Bürgerliches Rechtslexikon" erscheint nach seinen großen Erfolgen vor dem Kriege nunmehr in vierter Auflage. Die besondere Art der Stichwortaufteilung und die verständliche Darstellung haben es in alle Kreise gelangen lassen, die stets eine Gelegenheit zu zuverlässiger Rechtsbelehrung haben müssen.

Hedemann, J. W., **Einführung in die Rechtswissenschaft.** Zweite, erweiterte und umgestaltete Auflage. Oktav. XXII, 566 Seiten. 1927. (Lehrbücher und Grundrisse der Rechtswissenschaft Bd. IX.)
RM. 14.—, geb. RM. 16.—

„. . . Das Buch Hedemanns, welches die Aufgabe einer Einführung am reichsten und umfassendsten auffaßt und löst . . ."
Juristische Wochenschrift.

Sternberg, Theodor, **Einführung in die Rechtswissenschaft.**
I. Teil: Methoden- und Quellenlehre. Zweite, neugestaltete Auflage. Verbesserter Neudruck. 190 Seiten. 1927. (Sammlung Göschen Bd. 169.)
Geb. RM. 1.80

II. Teil: Das Rechtssystem. Erste Hälfte: Grundbegriffe und Privatrecht. Zweite, vermehrte Auflage. 133 Seiten. 1922. (Sammlung Göschen Bd. 170.) . . . . Geb. RM. 1.80

Eine in ihrer Knappheit ganz ausgezeichnete Darstellung der juristischen Begriffe und Probleme.

Schröder, Richard, und **Glitsch**, Heinrich, **Deutsche Rechtsgeschichte. schichte.** Sechste, verbesserte Auflage. Groß-Oktav. Mit einer Abbildung im Text, fünf Tafeln und einem Bildnis. 1124 Seiten. 1922.
RM. 26.—, in Halbleder geb. RM. 30.—

Dieses bekannte Lehrbuch hat sich seit langen Jahren bestens bewährt.

Fehr, Hans, **Deutsche Rechtsgeschichte.** Zweite, verbesserte und ergänzte Auflage. Oktav. 416 Seiten. 1925. (Lehrbücher und Grundrisse der Rechtswissenschaft Bd. X.) RM. 13.—, geb. RM. 14.50

Das Buch gibt eine plastische Darstellung der deutschen Rechtsgeschichte, die eine Anhäufung von Stoff ausdrücklich vermeidet, vielmehr das Schwergewicht auf eine mehr ideengeschichtliche Behandlung des Gegenstandes legt.

Schröder, Richard, und **Glitsch**, Heinrich, **Deutsche Rechtsgeschichte.** Zweite Auflage. Neudruck.
I. Bis zum Ende des Mittelalters. 160 Seiten. 1929. (Sammlung Göschen Bd. 621.) . . . . Geb. RM. 1.80

Inhaltsverzeichnis.

I.

Gesetz über die Angelegenheiten der freiwilligen Gerichtsbarkeit.

Vom 17. Mai 1898 (in der Fassung vom 20. Mai 1898) (RGBl. S. 771).

Erster Abschnitt.

Allgemeine Vorschriften.

§ 1. Für diejenigen Angelegenheiten der freiwilligen Gerichtsbarkeit, welche durch Reichsgesetz den Gerichten übertragen sind, gelten, soweit nicht ein anderes bestimmt ist, die nachstehenden allgemeinen Vorschriften.

§ 2. Die Gerichte haben sich Rechtshilfe zu leisten. Die §§ 158 bis 169 des Gerichtsverfassungsgesetzes finden Anwendung.

§ 3. Soweit für die örtliche Zuständigkeit der Gerichte der Wohnsitz eines Beteiligten maßgebend ist, bestimmt sich für Deutsche, die das Recht der Exterritorialität genießen, sowie für Beamte des Reichs oder eines Landes, die im Ausland angestellt sind, der Wohnsitz nach den Vorschriften des § 15 der Zivilprozeßordnung.

*) Ist der für den Wohnsitz einer Militärperson maßgebende Garnisonort in mehrere Gerichtsbezirke

---

*) Zugefügt durch Gesetz vom 5. März 1906 (RGBl. S. 387).

geteilt, so wird der als Wohnsitz geltende Bezirk von der Landesjustizverwaltung durch allgemeine Anordnung bestimmt.

§ 4. Unter mehreren zuständigen Gerichten gebührt demjenigen der Vorzug, welches zuerst in der Sache tätig geworden ist.

§ 5. Besteht Streit oder Ungewißheit darüber, welches von mehreren Gerichten örtlich zuständig ist, so wird das zuständige Gericht durch das gemeinschaftliche obere Gericht*) und, falls dieses das Reichsgericht ist, durch dasjenige Oberlandesgericht bestimmt, zu dessen Bezirke das zuerst mit der Sache befaßte Gericht gehört. Ist das zuständige Gericht in einem einzelnen Falle an der Ausübung des Richteramts rechtlich oder tatsächlich verhindert, so erfolgt die Bestimmung durch das ihm im Instanzenzuge vorgeordnete Gericht.

Eine Anfechtung der Entscheidung findet nicht statt.

§ 6. Ein Richter ist von der Ausübung des Richteramts kraft Gesetzes ausgeschlossen:

1. in Sachen, in denen er selbst beteiligt ist oder in denen er zu einem Beteiligten in dem Verhältnis eines Mitberechtigten oder Mitverpflichteten steht;
2. in Sachen seines Ehegatten,**) auch wenn die Ehe nicht mehr besteht;
3. in Sachen einer Person, mit der er in gerader Linie oder im zweiten Grade der Seitenlinie verwandt oder verschwägert ist;

*) § 5 Abs. 1 Satz 1 in der Fassung der Artikel VI und VII des Gesetzes, betr. die Zuständigkeit des Reichsgerichts, vom 22. Mai 1910 (RGBl. S. 770).

**) § 6 Ziff. 2 in der durch Art. V des Gesetzes über die Zulassung der Frauen zu den Ämtern und Berufen der Rechtspflege vom 11. Juli 1922 gegebenen Fassung.

4. in Sachen, in denen er als Vertreter eines Beteiligten bestellt oder als gesetzlicher Vertreter eines solchen aufzutreten berechtigt ist.

Ein Richter kann sich der Ausübung seines Amtes wegen Befangenheit enthalten. Die Ablehnung eines Richters ist ausgeschlossen.

§ 7. Gerichtliche Handlungen sind nicht aus dem Grunde unwirksam, weil sie von einem örtlich unzuständigen Gericht oder von einem Richter vorgenommen sind, der von der Ausübung des Richteramts kraft Gesetzes ausgeschlossen ist.

§ 8. Auf das gerichtliche Verfahren finden die Vorschriften des Gerichtsverfassungsgesetzes über die Gerichtssprache, über die Sitzungspolizei und über die Beratung und Abstimmung entsprechende Anwendung, die Vorschriften über die Gerichtssprache mit den sich aus dem § 9 ergebenden Abweichungen.

§ 9. Der Zuziehung eines Dolmetschers bedarf es nicht, wenn der Richter der Sprache, in der sich die beteiligten Personen erklären, mächtig ist; die Beeidigung des Dolmetschers ist nicht erforderlich, wenn die beteiligten Personen darauf verzichten. Auf den Dolmetscher finden die Vorschriften des § 6 entsprechende Anwendung.

§ 10. Auf das gerichtliche Verfahren sind die Gerichtsferien ohne Einfluß. Die Bearbeitung der Vormundschaftssachen und der Nachlaßsachen kann während der Ferien unterbleiben, soweit das Bedürfnis einer Beschleunigung nicht vorhanden ist.

§ 11. Anträge und Erklärungen können zum Protokolle der Geschäftsstelle des zuständigen Gerichts oder der Geschäftsstelle eines Amtsgerichts erfolgen.

§ 12. Das Gericht hat von Amts wegen die zur Feststellung der Tatsachen erforderlichen Ermittelungen zu veranstalten und die geeignet erscheinenden Beweise aufzunehmen.

§ 13. Die Beteiligten können mit Beiständen erscheinen. Sie können sich, soweit nicht das Gericht das persönliche Erscheinen anordnet, auch durch Bevollmächtigte vertreten lassen. Die Bevollmächtigten haben auf Anordnung des Gerichts oder auf Verlangen eines Beteiligten die Bevollmächtigung durch eine öffentlich beglaubigte Vollmacht nachzuweisen.

§ 14. Die Vorschriften der Zivilprozeßordnung über das Armenrecht sowie die Vorschriften der §§ 34 bis 36 der Rechtsanwaltsordnung finden entsprechende Anwendung.

§ 15. Die Vorschriften der Zivilprozeßordnung über den Zeugenbeweis, über den Beweis durch Sachverständige und über das Verfahren bei der Abnahme von Eiden finden entsprechende Anwendung. Über die Beeidigung eines Zeugen oder Sachverständigen entscheidet jedoch, unbeschadet der §§ 393, 402 der Zivilprozeßordnung, das Ermessen des Gerichts.

Behufs der Glaubhaftmachung einer tatsächlichen Behauptung kann ein Beteiligter zur Versicherung an Eides Statt zugelassen werden.

§ 16. Gerichtliche Verfügungen werden mit der Bekanntmachung an denjenigen, für welchen sie ihrem Inhalte nach bestimmt sind, wirksam.

Die Bekanntmachung erfolgt, wenn mit ihr der Lauf einer Frist beginnt, durch Zustellung nach den für die Zustellung von Amts wegen geltenden Vorschriften der Zivilprozeßordnung; durch die Landesjustizverwaltung kann jedoch für Zustellungen im

Ausland eine einfachere Art der Zustellung angeordnet werden. In denjenigen Fällen, in welchen mit der Bekanntmachung nicht der Lauf einer Frist beginnt, soll in den Akten vermerkt werden, in welcher Weise, an welchem Orte und an welchem Tage die Bekanntmachung zur Ausführung gebracht ist; durch die Landesjustizverwaltung kann näher bestimmt werden, in welcher Weise in diesen Fällen die Bekanntmachung zur Ausführung gebracht werden soll.

Einem Anwesenden kann die Verfügung zu Protokoll bekannt gemacht werden. Auf Verlangen ist ihm eine Abschrift der Verfügung zu erteilen.

§ 17. Für die Berechnung der Fristen gelten die Vorschriften des Bürgerlichen Gesetzbuchs.

Fällt das Ende der Frist auf einen Sonntag oder allgemeinen Feiertag, so endigt die Frist mit dem Ablaufe des nächstfolgenden Werktags.

§ 18. Erachtet das Gericht eine von ihm erlassene Verfügung nachträglich für ungerechtfertigt, so ist es berechtigt, sie zu ändern; soweit eine Verfügung nur auf Antrag erlassen werden kann und der Antrag zurückgewiesen worden ist, darf die Änderung nur auf Antrag erfolgen.

Zu der Änderung einer Verfügung, die der sofortigen Beschwerde unterliegt, ist das Gericht nicht befugt.

§ 19. Gegen die Verfügungen des Gerichts erster Instanz findet das Rechtsmittel der Beschwerde statt.

Über die Beschwerde entscheidet das Landgericht.

§ 20. Die Beschwerde steht jedem zu, dessen Recht durch die Verfügung beeinträchtigt ist.

Soweit eine Verfügung nur auf Antrag erlassen werden kann und der Antrag zurückgewiesen worden ist, steht die Beschwerde nur dem Antragsteller zu.

§ 21. Die Beschwerde kann bei dem Gerichte, dessen Verfügung angefochten wird, oder bei dem Beschwerdegericht eingelegt werden.

Die Einlegung erfolgt durch Einreichung einer Beschwerdeschrift oder durch Erklärung zum Protokolle der Geschäftsstelle desjenigen Gerichts, dessen Verfügung angefochten wird, oder der Geschäftsstelle des Beschwerdegerichts.

§ 22. Die sofortige Beschwerde ist binnen einer Frist von zwei Wochen einzulegen. Die Frist beginnt mit dem Zeitpunkt, in welchem die Verfügung dem Beschwerdeführer bekannt gemacht worden ist.

Einem Beschwerdeführer, der ohne sein Verschulden verhindert war, die Frist einzuhalten, ist auf Antrag von dem Beschwerdegerichte die Wiedereinsetzung in den vorigen Stand zu erteilen, wenn er die Beschwerde binnen zwei Wochen nach der Beseitigung des Hindernisses einlegt und die Tatsachen, welche die Wiedereinsetzung begründen, glaubhaft macht. Eine Versäumung der Frist, die in dem Verschulden eines Vertreters ihren Grund hat, wird als eine unverschuldete nicht angesehen. Gegen die Entscheidung über den Antrag findet die sofortige weitere Beschwerde statt. Nach dem Ablauf eines Jahres, von dem Ende der versäumten Frist an gerechnet, kann die Wiedereinsetzung nicht mehr beantragt werden.

§ 23. Die Beschwerde kann auf neue Tatsachen und Beweise gestützt werden.

§ 24. Die Beschwerde hat nur dann aufschiebende Wirkung, wenn sie gegen eine Verfügung gerichtet ist, durch die eine Strafe festgesetzt wird.

Das Gericht, dessen Verfügung angefochten wird, kann anordnen, daß die Vollziehung auszusetzen ist.

Das Beschwerdegericht kann vor der Entscheidung

eine einstweilige Anordnung erlassen; es kann insbesondere anordnen, daß die Vollziehung der angefochtenen Verfügung auszusetzen ist.

§ 25. Die Entscheidung des Beschwerdegerichts ist mit Gründen zu versehen.

§ 26. Die Entscheidung des Beschwerdegerichts wird in den Fällen, in welchen die sofortige weitere Beschwerde stattfindet, erst mit der Rechtskraft wirksam. Das Beschwerdegericht kann jedoch die sofortige Wirksamkeit der Entscheidung anordnen.

§ 27. Gegen die Entscheidung des Beschwerdegerichts ist das Rechtsmittel der weiteren Beschwerde zulässig, wenn die Entscheidung auf einer Verletzung des Gesetzes beruht. Die Vorschriften der §§ 550, 551, 561, 563 der Zivilprozeßordnung finden entsprechende Anwendung.

§ 28. Über die weitere Beschwerde entscheidet das Oberlandesgericht.

Will das Oberlandesgericht bei der Auslegung einer reichsgesetzlichen Vorschrift, welche eine der im § 1 bezeichneten Angelegenheiten betrifft, von der auf weitere Beschwerde ergangenen Entscheidung eines anderen Oberlandesgerichts, falls aber über die Rechtsfrage bereits eine Entscheidung des Reichsgerichts ergangen ist, von dieser abweichen, so hat es die weitere Beschwerde unter Begründung seiner Rechtsauffassung dem Reichsgerichte vorzulegen. Der Beschluß über die Vorlegung ist dem Beschwerdeführer bekannt zu machen.

In den Fällen des Abs. 2 entscheidet über die weitere Beschwerde das Reichsgericht.

§ 29. Die weitere Beschwerde kann bei dem Gericht erster Instanz, bei dem Landgericht oder bei dem Oberlandesgericht eingelegt werden. Erfolgt die Einlegung durch Einreichung einer Beschwerdeschrift, so muß diese von einem Rechtsanwalt unterzeichnet sein. Der Zuziehung eines Rechtsanwalts bedarf es nicht, wenn die Beschwerde von einer Behörde oder von einem Notar eingelegt wird, der in der Angelegenheit für den Beschwerdeführer einen Antrag bei dem Gericht erster Instanz gestellt hat.

Soweit eine Verfügung der sofortigen Beschwerde unterliegt, findet auch gegen die Entscheidung des Beschwerdegerichts die sofortige weitere Beschwerde statt.

Das Gericht erster Instanz und das Landgericht sind nicht befugt, der weiteren Beschwerde abzuhelfen.

Im übrigen finden die Vorschriften über die Beschwerde entsprechende Anwendung.

§ 30. Die Entscheidungen über Beschwerden erfolgen bei den Landgerichten durch eine Zivilkammer, bei den Oberlandesgerichten und bei dem Reichsgerichte durch einen Zivilsenat. Ist bei einem Landgericht eine Kammer für Handelssachen gebildet, so tritt für Handelssachen diese Kammer an die Stelle der Zivilkammer.

Die Vorschriften des § 137 des Gerichtsverfassungsgesetzes finden entsprechende Anwendung.

§ 31. Zeugnisse über die Rechtskraft einer Verfügung sind von der Geschäftsstelle des Gerichts erster Instanz zu erteilen.*)

§ 32. Ist eine Verfügung, durch die jemand die Fähigkeit oder die Befugnis zur Vornahme eines Rechtsgeschäfts oder zur Entgegennahme einer Willens-

*) Jetzige Fassung auf Grund des Art. 6 der Verordnung vom 30. November 1927.

erklärung erlangt, ungerechtfertigt, so hat, sofern nicht die Verfügung wegen Mangels der sachlichen Zuständigkeit des Gerichts unwirksam ist, die Aufhebung der Verfügung auf die Wirksamkeit der inzwischen von ihm oder ihm gegenüber vorgenommenen Rechtsgeschäfte keinen Einfluß.

§ 33. Soll in den gesetzlich zugelassenen Fällen jemand durch Ordnungsstrafen zur Befolgung einer gerichtlichen Anordnung angehalten werden, so muß der Festsetzung der Strafe eine Androhung vorausgehen. Die einzelne Strafe darf den Betrag von dreihundert Mark nicht übersteigen.

§ 34. Die Einsicht der Gerichtsakten kann jedem insoweit gestattet werden, als er ein berechtigtes Interesse glaubhaft macht. Das gleiche gilt von der Erteilung einer Abschrift; die Abschrift ist auf Verlangen zu beglaubigen.

Zweiter Abschnitt.

Vormundschaftssachen.

§ 35. Für die dem Vormundschaftsgericht obliegenden Verrichtungen sind die Amtsgerichte zuständig.

§ 36. Für die Vormundschaft ist das Gericht zuständig, in dessen Bezirke der Mündel zu der Zeit, zu welcher die Anordnung der Vormundschaft erforderlich wird, seinen Wohnsitz oder in Ermangelung eines inländischen Wohnsitzes seinen Aufenthalt hat. Wird die Anordnung einer Vormundschaft über Geschwister erforderlich, die in den Bezirken verschiedener Vormundschaftsgerichte ihren Wohnsitz oder ihren Aufenthalt haben, so ist, wenn für einen der Mündel schon eine Vormundschaft anhängig ist, das für diese zuständige Gericht, anderenfalls dasjenige Gericht, in dessen Bezirke der jüngste Mündel seinen Wohnsitz oder seinen Aufenthalt hat, für alle Geschwister maßgebend.

Ist der Mündel ein Deutscher und hat er im Inlande weder Wohnsitz noch Aufenthalt, so ist das Gericht zuständig, in dessen Bezirke der Mündel seinen letzten inländischen Wohnsitz hatte. In Ermangelung eines solchen Wohnsitzes wird das zuständige Gericht, falls der Mündel einem Lande angehört, von der Landesjustizverwaltung, anderenfalls von dem Reichskanzler bestimmt.

Für die Vormundschaft über einen Minderjährigen, dessen Familienstand nicht zu ermitteln ist, ist das Gericht zuständig, in dessen Bezirke der Minderjährige aufgefunden wurde.

§ 37. Soll jemand nach § 1909 des Bürgerlichen Gesetzbuchs einen Pfleger erhalten, so ist, wenn bei einem inländischen Gericht eine Vormundschaft über ihn anhängig ist, für die Pflegschaft dieses Gericht zuständig. Im übrigen finden auf die Pflegschaft die Vorschriften des § 36 Anwendung.

Für die Pflegschaft über einen Ausländer, für den bei einem inländischen Gericht eine Vormundschaft nicht anhängig ist und der im Inlande weder Wohnsitz noch Aufenthalt hat, ist das Gericht zuständig, in dessen Bezirke das Bedürfnis der Fürsorge hervortritt.

§ 38. Auf die Zuständigkeit für die Pflegschaft über einen Gebrechlichen finden die Vorschriften des § 36 Abs. 1, 2 und des § 37 Abs. 2 entsprechende Anwendung.

§ 39. Für die Pflegschaft über einen Abwesenden ist das Gericht zuständig, in dessen Bezirke der Abwesende seinen Wohnsitz hat.

Hat der Abwesende im Inlande keinen Wohnsitz, so finden die Vorschriften des § 36 Abs. 2 und des § 37 Abs. 2 entsprechende Anwendung.

§ 40. Für die Pflegschaft über eine Leibesfrucht ist das Gericht zuständig, welches für die Vormundschaft zuständig sein würde, falls das Kind zu der Zeit, zu welcher das Bedürfnis der Fürsorge hervortritt, geboren wäre.

§ 41. Wird im Falle des § 1913 des Bürgerlichen Gesetzbuchs die Anordnung einer Pflegschaft für den bei einer Angelegenheit Beteiligten erforderlich, so ist das Gericht zuständig, in dessen Bezirke das Bedürfnis der Fürsorge hervortritt.

§ 42. Für die Pflegschaft zum Zwecke der Verwaltung und Verwendung eines durch öffentliche Sammlung zusammengebrachten Vermögens ist das Gericht des Ortes zuständig, an welchem bisher die Verwaltung geführt wurde.

§ 43. Die Zuständigkeit für eine Verrichtung des Vormundschaftsgerichts, die nicht eine Vormundschaft oder eine Pflegschaft betrifft, bestimmt sich, soweit sich nicht aus dem Gesetz ein anderes ergibt, nach den Vorschriften des § 36 Abs. 1, 2; maßgebend ist für jede einzelne Angelegenheit der Zeitpunkt, in welchem das Gericht mit ihr befaßt wird.

Ist für die Person, in Ansehung deren die Verrichtung des Vormundschaftsgerichts erforderlich wird, eine Vormundschaft oder eine Pflegschaft anhängig oder ist der Mutter, unter deren elterlicher Gewalt sie steht, ein Beistand bestellt, so ist das Gericht zuständig, bei welchem die Vormundschaft, Pflegschaft oder Beistandschaft anhängig ist.

§ 44. Für die in den §§ 1665, 1846 des Bürgerlichen Gesetzbuchs und im Artikel 23 Abs. 2 des Einführungsgesetzes zum Bürgerlichen Gesetzbuche bezeichneten Maßregeln ist auch das Gericht zuständig, in dessen Bezirke das Bedürfnis der Fürsorge hervortritt. Das Gericht soll, wenn eine Vormundschaft, Pflegschaft oder Beistandschaft anhängig ist, von den angeordneten Maßregeln dem nach § 43 Abs. 2 zuständigen Gerichte Mitteilung machen.

§ 45. Wird in einer Angelegenheit, welche die persönlichen Rechtsbeziehungen der Ehegatten zueinander oder das eheliche Güterrecht betrifft, eine Verrichtung des Vormundschaftsgerichts erforderlich, so ist das Gericht zuständig, in dessen Bezirke der Mann seinen Wohnsitz oder in Ermangelung eines inländischen Wohnsitzes seinen Aufenthalt hat.

Ist der Mann ein Deutscher und hat er im Inlande weder Wohnsitz noch Aufenthalt, so finden die Vorschriften des § 36 Abs. 2 entsprechende Anwendung.

Hat der Mann die Reichsangehörigkeit verloren, die Frau sie aber behalten, so ist, wenn der Mann im Inlande weder Wohnsitz noch Aufenthalt hat, das Gericht zuständig, in dessen Bezirke die Frau ihren Wohnsitz oder in Ermangelung eines inländischen Wohnsitzes ihren Aufenthalt hat; hat sie im Inlande weder Wohnsitz noch Aufenthalt, so finden die Vorschriften des § 36 Abs. 2 entsprechende Anwendung.

Für die Zuständigkeit ist in Ansehung jeder einzelnen Angelegenheit der Zeitpunkt maßgebend, in welchem das Gericht mit ihr befaßt wird.

§ 46. Das Vormundschaftsgericht kann die Vormundschaft aus wichtigen Gründen an ein anderes Vormundschaftsgericht abgeben, wenn sich dieses zur Übernahme der Vormundschaft bereit erklärt; nach der Bestellung des Vormundes ist jedoch dessen Zustimmung erforderlich. Als ein wichtiger Grund ist es in der Regel anzusehen, wenn ein unter Vormundschaft stehender Minderjähriger wegen einer strafbaren Handlung vor einem anderen Gericht angeklagt ist.*)

Einigen sich die Gerichte nicht oder verweigert der Vormund oder, wenn mehrere Vormünder die Vormundschaft gemeinschaftlich führen, einer von ihnen seine Zustimmung, so entscheidet das gemeinschaftliche obere Gericht**) und, falls dieses das Reichsgericht ist, dasjenige Oberlandesgericht, zu dessen Bezirke das Gericht gehört, an welches die Vormundschaft abgegeben werden soll. Eine Anfechtung der Entscheidung findet nicht statt.

Diese Vorschriften finden auf die Pflegschaft und die im § 43 bezeichneten Angelegenheiten entsprechende Anwendung.

§ 47. Ist über einen Deutschen, der im Auslande seinen Wohnsitz oder Aufenthalt hat, die nach den Vorschriften des Bürgerlichen Gesetzbuchs erforderliche Vormundschaft im Ausland angeordnet, so kann die Anordnung der Vormundschaft im Inland unterbleiben, wenn dies im Interesse des Mündels liegt.

Hat ein Deutscher, über den im Inland eine Vormundschaft angeordnet ist, im Auslande seinen Wohnsitz oder Aufenthalt, so kann das Gericht, bei welchem die Vormundschaft anhängig ist, sie an den ausländischen Staat abgeben, wenn dies im Interesse des Mündels liegt, der Vormund seine Zustimmung

---

*) Satz 2 eingefügt durch § 49 des Jugendgerichtsgesetzes vom 16. Februar 1923.

**) § 46 Abs. 2 Satz 1 in der Fassung der Art. VI und VII des Gesetzes, betr. die Zuständigkeit des Reichsgerichts, vom 22. Mai 1910 (RGBl. S. 770).

erteilt und der ausländische Staat sich zur Übernahme bereit erklärt. Verweigert der Vormund oder, wenn mehrere Vormünder die Vormundschaft gemeinschaftlich führen, einer von ihnen seine Zustimmung, so entscheidet an Stelle des Gerichts, bei welchem die Vormundschaft anhängig ist, das im Instanzenzuge vorgeordnete Gericht. Eine Anfechtung der Entscheidung findet nicht statt.

Diese Vorschriften gelten auch für die Pflegschaft.

§ 48. Wird bei einem Standesbeamten der Tod einer Person, die ein minderjähriges Kind hinterlassen hat, oder die Geburt eines ehelichen Kindes nach dem Tode des Vaters oder die Geburt eines unehelichen Kindes oder die Auffindung eines Minderjährigen, dessen Familienstand nicht zu ermitteln ist, angezeigt oder wird vor einem Standesbeamten von einer Frau, die ein minderjähriges eheliches Kind hat, eine Ehe geschlossen, so hat der Standesbeamte hiervon dem Vormundschaftsgericht Anzeige zu machen.

§ 49. Erlangt der Gemeindewaisenrat von einem Falle Kenntnis, in welchem ein Vormund, ein Gegenvormund oder ein Pfleger zu bestellen ist, so hat er dem Vormundschaftsgericht Anzeige zu machen. Zugleich soll er die Person vorschlagen, die sich zum Vormunde, Gegenvormund oder Pfleger eignet.

§ 50. Wird die Anordnung einer Vormundschaft oder einer Pflegschaft infolge eines gerichtlichen Verfahrens erforderlich, so hat das Gericht das zuständige Vormundschaftsgericht hiervon zu benachrichtigen.

§ 51. Eine Verfügung, durch die von dem Vormundschaftsgerichte festgestellt wird, daß der Vater oder die Mutter auf längere Zeit an der Ausübung der elterlichen Gewalt tatsächlich verhindert ist, tritt mit der Bestellung des Vormundes in Wirksamkeit; hat jedoch während der Verhinderung des Vaters die Mutter die elterliche Gewalt auszuüben, so wird die Verfügung mit der Bekanntmachung an die Mutter wirksam.

Eine Verfügung, durch die von dem Vormundschaftsgerichte festgestellt wird, daß der Grund für das Ruhen der elterlichen Gewalt des Vaters oder der Mutter nicht mehr besteht, wird mit der Bekanntmachung an den Vater oder an die Mutter wirksam.

§ 52. Eine Verfügung, durch die ein Volljähriger unter vorläufige Vormundschaft gestellt wird, tritt, wenn die Entmündigung wegen Geisteskrankheit beantragt ist, mit der Bestellung des Vormundes, wenn die Entmündigung wegen Geistesschwäche, wegen Verschwendung oder wegen Trunksucht beantragt ist, mit der Bekanntmachung an den zu Entmündigenden, eine Verfügung, durch die eine vorläufige Vormundschaft aufgehoben wird, tritt mit der Bekanntmachung an den Mündel in Wirksamkeit.

§ 53. Eine Verfügung, durch die auf Antrag die Ermächtigung oder die Zustimmung eines anderen zu einem Rechtsgeschäft ersetzt oder dem Manne die im § 1358 Abs. 1 des Bürgerlichen Gesetzbuchs vorgesehene Ermächtigung zur Kündigung erteilt oder durch welche die Beschränkung oder die Ausschließung der nach § 1357 des Bürgerlichen Gesetzbuchs der Frau zustehenden Rechte aufgehoben wird, tritt erst mit der Rechtskraft in Wirksamkeit. Das gleiche gilt von einer Verfügung, durch die auf Antrag des Kindes die Zustimmung der Mutter zur Ehelichkeitserklärung ihres Kindes ersetzt wird.

Bei Gefahr im Verzuge kann das Gericht die sofortige Wirksamkeit der Verfügung anordnen. Die

Verfügung tritt mit der Bekanntmachung an den Antragsteller in Wirksamkeit.

§ 54. Liegen nach dem Ermessen des Vormundschaftsgerichts die Voraussetzungen vor, unter denen der Vormund, der Pfleger oder der Beistand zur Sicherheitsleistung angehalten werden kann, so ist das Gericht befugt, das Grundbuchamt um die Eintragung einer Sicherungshypothek an Grundstücken des Vormundes, des Pflegers oder des Beistandes zu ersuchen. Der Vormund, der Pfleger oder der Beistand soll, soweit tunlich, vorher gehört werden. Die Hypothek entsteht mit der Eintragung.

Diese Vorschriften finden auf die Eintragung eines Pfandrechts an einem im Schiffsregister eingetragenen Schiffe entsprechende Anwendung.

§ 55. Eine Verfügung, durch welche die Genehmigung zu einem Rechtsgeschäft erteilt oder verweigert wird, kann von dem Vormundschaftsgericht insoweit nicht mehr geändert werden, als die Genehmigung oder deren Verweigerung einem Dritten gegenüber wirksam geworden ist.

Eine Verfügung, durch welche die Zustimmung zu einer Ehelichkeitserklärung ersetzt wird, kann nicht mehr geändert werden, wenn die Ehelichkeitserklärung erfolgt ist.

§ 56. Die Volljährigkeitserklärung soll nur auf Antrag des Minderjährigen oder desjenigen gesetzlichen Vertreters des Minderjährigen erfolgen, welchem die Sorge für die Person zusteht.

Die Verfügung, durch welche der Minderjährige für volljährig erklärt wird, tritt erst mit der Rechtskraft in Wirksamkeit.

§ 57. Die Beschwerde steht, unbeschadet der Vorschriften des § 20, zu:

1. gegen eine Verfügung, durch welche die Anordnung einer Vormundschaft abgelehnt oder eine Vormundschaft aufgehoben wird, jedem, der ein rechtliches Interesse an der Änderung der Verfügung hat, sowie dem Ehegatten, den Verwandten und Verschwägerten des Mündels, es sei denn, daß die Verfügung eine vorläufige Vormundschaft betrifft;
2. gegen eine Verfügung, durch welche die Anordnung einer vorläufigen Vormundschaft abgelehnt oder eine solche Vormundschaft aufgehoben wird, denjenigen, welche den Antrag auf Entmündigung zu stellen berechtigt sind;
3. gegen eine Verfügung, durch welche die Anordnung einer Pflegschaft abgelehnt oder eine Pflegschaft aufgehoben wird, jedem, der ein rechtliches Interesse an der Änderung der Verfügung hat, in den Fällen der §§ 1909, 1910 des Bürgerlichen Gesetzbuchs auch dem Ehegatten sowie den Verwandten und Verschwägerten des Pflegebefohlenen; diese Vorschrift gilt jedoch im Falle des § 1910 nur dann, wenn eine Verständigung mit dem Pflegebefohlenen nicht möglich ist;
4. gegen eine Verfügung, durch welche die Einsetzung eines Familienrats abgelehnt oder der Familienrat aufgehoben wird, dem Ehegatten sowie den Verwandten und Verschwägerten des Mündels;
5. gegen eine Verfügung, durch die in den Fällen des § 1687 Nr. 1, 3 des Bürgerlichen Gesetzbuchs die Bestellung eines Beistandes der Mutter abgelehnt oder die Bestellung aufgehoben wird, dem Ehegatten sowie den Verwandten und Verschwägerten des Kindes;

6. gegen eine Verfügung, durch die ein Antrag des Gegenvormundes oder des Beistandes zurückgewiesen wird, gegen den gesetzlichen Vertreter wegen pflichtwidrigen Verhaltens einzuschreiten oder den Vormund oder den Pfleger aus einem der im § 1886 des Bürgerlichen Gesetzbuchs bezeichneten Grunde zu entlassen, dem Antragsteller;
7. gegen eine Verfügung, durch die dem Vormund oder dem Pfleger eine Vergütung bewilligt wird, dem Gegenvormunde;
8. gegen eine Verfügung, durch welche die Anordnung einer der in den §§ 1665 bis 1667 des Bürgerlichen Gesetzbuchs vorgesehenen Maßregeln abgelehnt oder eine solche Maßregel aufgehoben wird, den Verwandten und Verschwägerten des Kindes;
9. gegen eine Verfügung, die eine Entscheidung über eine die Sorge für die Person des Kindes oder des Mündels betreffende Angelegenheit enthält, jedem, der ein berechtigtes Interesse hat, diese Angelegenheit wahrzunehmen.

Die Vorschrift des Abs. 1 Nr. 9 findet auf die sofortige Beschwerde keine Anwendung.

§ 58. Führen mehrere Vormünder oder Pfleger die Vormundschaft oder die Pflegschaft gemeinschaftlich, so kann jeder von ihnen für den Mündel das Beschwerderecht selbständig ausüben.

Diese Vorschrift findet in den Fällen der §§ 1629, 1798 des Bürgerlichen Gesetzbuchs entsprechende Anwendung.

§ 59. Ein unter elterlicher Gewalt stehendes Kind oder ein unter Vormundschaft stehender Mündel kann in allen seine Person betreffenden Angelegenheiten ohne Mitwirkung seines gesetzlichen Vertreters das Beschwerderecht ausüben. Das gleiche gilt in Angelegenheiten, in denen der Mündel vor einer Entscheidung des Vormundschaftsgerichts gehört werden soll.

Diese Vorschriften finden auf Personen, die geschäftsunfähig sind oder nicht das vierzehnte Lebensjahr vollendet haben, keine Anwendung.

§ 60. Die sofortige Beschwerde findet statt:

1. gegen eine Verfügung, durch die ein als Vormund, Pfleger, Gegenvormund, Beistand oder Mitglied des Familienrats Berufener übergangen wird;
2. gegen eine Verfügung, durch welche die Weigerung, eine Vormundschaft, Pflegschaft, Gegenvormundschaft oder Beistandschaft zu übernehmen, zurückgewiesen wird;
3. gegen eine Verfügung, durch die ein Vormund, Pfleger, Gegenvormund oder Beistand gegen seinen Willen entlassen wird;
4. gegen eine Verfügung, durch die der Familienrat aufgehoben oder ein Mitglied des Familienrats gegen seinen Willen entlassen wird;
5. gegen eine Verfügung, durch die ein Volljähriger unter vorläufige Vormundschaft gestellt wird;
6. gegen Verfügungen, die erst mit der Rechtskraft wirksam werden.

Die Frist beginnt in den Fällen des Abs. 1 Nr. 1 mit dem Zeitpunkt, in welchem der Beschwerdeführer von seiner Übergehung Kenntnis erlangt, im Falle der Aufhebung des Familienrats mit dem Zeitpunkt, in welchem das Vormundschaftsgericht die bisherigen Mitglieder von der Aufhebung in Kenntnis setzt.

§ 61. Wird eine Verfügung, durch die ein Volljähriger unter vorläufige Vormundschaft gestellt ist, von dem Beschwerdegericht aufgehoben, so kann die Wirksamkeit der von oder gegenüber dem Volljährigen vorgenommenen Rechtsgeschäfte nicht auf Grund der aufgehobenen Verfügung in Frage gestellt werden.

§ 62. Soweit eine Verfügung nach § 55 von dem Vormundschaftsgerichte nicht mehr geändert werden kann, ist auch das Beschwerdegericht nicht berechtigt, sie zu ändern.

§ 63. Auf die weitere Beschwerde finden die Vorschriften der §§ 57 bis 62 entsprechende Anwendung.

§ 64. Gegen eine Verfügung, durch die über die Entlassung eines Mitglieds des Familienrats von dem Gerichte, welches dem Vormundschaftsgericht im Instanzenzuge vorgeordnet ist, entschieden wird, findet die Beschwerde an das Oberlandesgericht statt. Die weitere Beschwerde ist ausgeschlossen.

Dritter Abschnitt.

Annahme an Kindes Statt.

§ 65. Die Bestätigung des Vertrags, durch welchen jemand an Kindes Statt angenommen oder das durch die Annahme an Kindes Statt begründete Rechtsverhältnis wieder aufgehoben wird, gehört zur Zuständigkeit der Amtsgerichte.

§ 66. Für die Bestätigung ist das Gericht zuständig, in dessen Bezirke der Annehmende zu der Zeit, zu welcher der Antrag auf Bestätigung eingereicht oder nach Maßgabe des § 1753 Abs. 2 des Bürgerlichen Gesetzbuchs das Gericht oder der Notar mit der Einreichung betraut wird, seinen Wohnsitz oder in Ermangelung eines inländischen Wohnsitzes seinen Aufenthalt hat.

Ist der Annehmende ein Deutscher und hat er im Inlande weder Wohnsitz noch Aufenthalt, so ist das Gericht zuständig, in dessen Bezirke der Annehmende seinen letzten inländischen Wohnsitz hatte. In Ermangelung eines solchen Wohnsitzes wird das zuständige Gericht, falls der Annehmende einem Bundesstaat angehört, von der Landesjustizverwaltung, anderenfalls von dem Reichskanzler bestimmt.

§ 67. Der Beschluß, durch den die Bestätigung erteilt wird, tritt mit der Bekanntmachung an den Annehmenden in Wirksamkeit.

Ist die Bestätigung noch nach dem Tode des Annehmenden zulässig, so tritt der Beschluß, unbeschadet der Vorschriften des § 1753 Abs. 3 und des § 1770 des Bürgerlichen Gesetzbuchs, mit der Bekanntmachung an das Kind in Wirksamkeit; wird nach dem Tode des Kindes das zwischen den übrigen Beteiligten bestehende Rechtsverhältnis durch Vertrag aufgehoben, so tritt der Beschluß, durch welchen die Aufhebung nach dem Tode des Annehmenden bestätigt wird, mit der Bekanntmachung an die übrigen Beteiligten in Wirksamkeit.

Das Gericht ist zu einer Änderung des Beschlusses nicht befugt.

§ 68. Gegen den Beschluß, durch welchen die Bestätigung erteilt wird, findet kein Rechtsmittel statt.

Gegen den Beschluß, durch welchen die Bestätigung versagt wird, findet die sofortige Beschwerde statt. Die Beschwerde steht jedem der Vertragschließenden zu, auch wenn der Antrag auf Bestätigung von ihm nicht gestellt war. Die Vorschriften des § 22 Abs. 2, des § 24 Abs. 3 und des § 26 Satz 2 finden keine Anwendung.

Vierter Abschnitt.

Personenstand.

§ 69. Für die nach dem Gesetz über die Beurkundung des Personenstandes und die Eheschließung vom 6. Februar 1875 (RGBl. S. 23) dem Gericht erster Instanz obliegenden Verrichtungen sind die Amtsgerichte zuständig.

§ 70. Gegen eine Verfügung, durch die angeordnet wird, daß eine Eintragung in dem Standesregister zu berichtigen ist, findet die sofortige Beschwerde statt. Die Verfügung tritt erst mit der Rechtskraft in Wirksamkeit.

§ 71. Sind Vorgänge, die auf Antrag eines Beteiligten in dem Standesregister am Rande einer Eintragung zu vermerken sind, von einem Notar beurkundet, so gilt dieser als ermächtigt, im Namen des Beteiligten, dessen Erklärung beurkundet ist, die Eintragung des Vermerkes in das Standesregister zu beantragen.

Art. 1 Nr. 3 des Gesetzes über den Personenstand vom 11. Juni 1920 (RGBl. S. 1209).

Art. 1. Das Gesetz über die Beurkundung des Personenstandes und die Eheschließung vom 6. Februar 1875 (RGBl. S. 23) wird wie folgt geändert:

. . . .

3. Dem § 26 werden folgende Vorschriften als Abs. 2, 3 angefügt:

„Hat ein uneheliches Kind dadurch die Rechtsstellung eines ehelichen Kindes erlangt, daß der Vater die Mutter geheiratet hat, so hat das Vormundschaftsgericht dies festzustellen und die Beischreibung der Feststellung am Rande der Geburtsurkunde anzuordnen. Die Beischreibung erfolgt in diesem Falle auf Anordnung des Gerichts.

Sind nach den Landesgesetzen die Verrichtungen des Vormundschaftsgerichts anderen als gerichtlichen Behörden übertragen, so bestimmt die Landeszentralbehörde, welche dieser Behörden für die im Abs. 2 bezeichneten Geschäfte zuständig ist."

Fünfter Abschnitt.

Nachlaß- und Teilungssachen.

§ 72. Für die dem Nachlaßgericht obliegenden Verrichtungen sind die Amtsgerichte zuständig.

§ 73. Die örtliche Zuständigkeit bestimmt sich nach dem Wohnsitze, den der Erblasser zur Zeit des Erbfalls hatte; in Ermangelung eines inländischen Wohnsitzes ist das Gericht zuständig, in dessen Bezirke der Erblasser zur Zeit des Erbfalls seinen Aufenthalt hatte.

Ist der Erblasser ein Deutscher und hatte er zur Zeit des Erbfalls im Inlande weder Wohnsitz noch Aufenthalt, so ist das Gericht zuständig, in dessen Bezirke der Erblasser seinen letzten inländischen Wohnsitz hatte. In Ermangelung eines solchen Wohnsitzes wird das zuständige Amtsgericht, falls der Erblasser zur Zeit des Erbfalls einem Bundesstaat angehörte, von der Landesjustizverwaltung, anderenfalls von dem Reichskanzler bestimmt.

Ist der Erblasser ein Ausländer und hatte er zur Zeit des Erbfalls im Inlande weder Wohnsitz noch Aufenthalt, so ist jedes Gericht, in dessen Bezirke sich Nachlaßgegenstände befinden, in Ansehung aller im Inlande befindlichen Nachlaßgegenstände zuständig. Die Vorschriften des § 2369 Abs. 2 des Bürgerlichen Gesetzbuchs finden Anwendung.

§ 74. Für die Sicherung des Nachlasses ist jedes Amtsgericht zuständig, in dessen Bezirke das Bedürfnis der Fürsorge hervortritt. Das Gericht soll von den angeordneten Maßregeln dem nach § 73 zuständigen Nachlaßgerichte Mitteilung machen.

§ 75. Auf die Nachlaßpflegschaft finden die für Vormundschaftssachen geltenden Vorschriften dieses Gesetzes Anwendung. Unberührt bleiben die Vorschriften über die Zuständigkeit des Nachlaßgerichts; das Nachlaßgericht kann jedoch die Pflegschaft nach Maßgabe des § 46 an ein anderes Nachlaßgericht abgeben.

§ 76. Gegen eine Verfügung, durch die dem Antrage des Erben, die Nachlaßverwaltung anzuordnen, stattgegeben wird, ist die Beschwerde unzulässig.

Gegen eine Verfügung, durch die dem Antrag eines Nachlaßgläubigers, die Nachlaßverwaltung anzuordnen, stattgegeben wird, findet die sofortige Beschwerde statt. Die Beschwerde steht nur dem Erben, bei Miterben jedem Erben, sowie dem Testamentsvollstrecker zu, welcher zur Verwaltung des Nachlasses berechtigt ist.

§ 77. Gegen eine Verfügung, durch die dem Erben eine Inventarfrist bestimmt wird, findet die sofortige Beschwerde statt.

Das gleiche gilt von einer Verfügung, durch die über die Bestimmung einer neuen Inventarfrist oder über den Antrag des Erben, die Inventarfrist zu verlängern, entschieden wird.

In den Fällen der Abs. 1, 2 beginnt die Frist zur Einlegung der Beschwerde für jeden Nachlaßgläubiger mit dem Zeitpunkt, in welchem die Verfügung demjenigen Nachlaßgläubiger bekannt gemacht wird, welcher den Antrag auf die Bestimmung der Inventarfrist gestellt hat.

§ 78. Hat das Nachlaßgericht nach § 1964 des Bürgerlichen Gesetzbuchs festgestellt, daß ein anderer Erbe als der Fiskus nicht vorhanden ist, so steht die Einsicht der dieser Feststellung vorausgegangenen Ermittelungen jedem zu, der ein berechtigtes Interesse glaubhaft macht. Das gleiche gilt von der Einsicht einer Verfügung, welche die Bestimmung einer Inventarfrist oder die Ernennung oder die Entlassung eines Testamentsvollstreckers betrifft, eines Protokolls über die Leistung des im § 79 bezeichneten Eides sowie von der Einsicht eines Erbscheins und eines der in den §§ 1507, 2368 des Bürgerlichen Gesetzbuchs und den §§ 37, 38 der Grundbuchordnung vorgesehenen gerichtlichen Zeugnisse.

Von den Schriftstücken, deren Einsicht gestattet ist, kann eine Abschrift gefordert werden; die Abschrift ist auf Verlangen zu beglaubigen.

§ 79. Verlangt ein Nachlaßgläubiger von dem Erben die Leistung des im § 2006 des Bürgerlichen Gesetzbuchs vorgesehenen Offenbarungseids, so kann die Bestimmung des Termins zur Leistung des Eides sowohl von dem Nachlaßgläubiger als von dem Erben beantragt werden. Zu dem Termine sind beide Teile zu laden. Die Anwesenheit des Gläubigers ist nicht erforderlich.

§ 80. Gegen eine Verfügung, durch die nach den §§ 2151, 2153 bis 2155, 2192, 2193 und dem § 2198 Abs. 2 des Bürgerlichen Gesetzbuchs dem Beschwerten oder einem Dritten eine Frist zur Erklärung bestimmt wird, findet die sofortige Beschwerde statt.

§ 81. Gegen eine Verfügung, durch die von dem Nachlaßgericht ein Testamentsvollstrecker ernannt oder einem zum Testamentsvollstrecker Ernannten eine Frist zur Erklärung über die Annahme des Amtes bestimmt wird, findet die sofortige Beschwerde statt.

Das gleiche gilt von einer Verfügung, durch die ein Testamentsvollstrecker gegen seinen Willen entlassen wird.

§ 82. Führen mehrere Testamentsvollstrecker das Amt gemeinschaftlich, so steht gegen eine Verfügung, durch die das Nachlaßgericht Anordnungen des Erblassers für die Verwaltung des Nachlasses außer Kraft setzt oder bei einer Meinungsverschiedenheit zwischen den Testamentsvollstreckern entscheidet, jedem Testamentsvollstrecker die Beschwerde selbständig zu.

Auf eine Verfügung, durch die bei einer Meinungsverschiedenheit zwischen den Testamentsvollstreckern über die Vornahme eines Rechtsgeschäfts das Nachlaßgericht entscheidet, finden die Vorschriften des § 53 und des § 60 Abs. 1 Nr. 6 entsprechende Anwendung.

§ 83. Das Nachlaßgericht kann im Falle des § 2259 Abs. 1 des Bürgerlichen Gesetzbuchs den Besitzer des Testaments durch Ordnungsstrafen zur Ablieferung des Testaments anhalten.

Besteht Grund zu der Annahme, daß jemand ein Testament im Besitze hat, zu dessen Ablieferung er nach § 2259 Abs. 1 des Bürgerlichen Gesetzbuchs verpflichtet ist, so kann er von dem Nachlaßgerichte zur Leistung des Offenbarungseids angehalten werden; die Vorschriften des § 883 Abs. 2, 3, des § 900 Abs. 1 und der §§ 901, 902, 904 bis 910, 912, 913 der Zivilprozeßordnung finden entsprechende Anwendung.

§ 84. Gegen einen Beschluß, durch den ein Erbschein für kraftlos erklärt wird, findet die Beschwerde nicht statt. Das gleiche gilt von einem Beschlusse, durch den eines der in den §§ 1507, 2368 des Bürgerlichen Gesetzbuchs und den §§ 37, 38 der Grundbuchordnung vorgesehenen gerichtlichen Zeugnisse für kraftlos erklärt wird.

§ 85. Wer ein rechtliches Interesse glaubhaft macht, kann verlangen, daß ihm von dem Gericht eine Ausfertigung des Erbscheins erteilt werde. Das gleiche gilt in Ansehung der im § 84 Satz 2 bezeichneten Zeugnisse sowie in Ansehung der gerichtlichen Verfügungen, die sich auf die Ernennung oder die Entlassung eines Testamentsvollstreckers beziehen.

§ 86. Hinterläßt ein Erblasser mehrere Erben, so hat das Nachlaßgericht auf Antrag die Auseinandersetzung in Ansehung des Nachlasses zwischen den Beteiligten zu vermitteln, sofern nicht ein zur Bewirkung der Auseinandersetzung berechtigter Testamentsvollstrecker vorhanden ist.

Antragsberechtigt ist jeder Miterbe, der Erwerber eines Erbteils sowie derjenige, welchem ein Pfandrecht oder ein Nießbrauch an einem Erbteile zusteht.

§ 87. In dem Antrage sollen die Beteiligten und die Teilungsmasse bezeichnet werden.

Hält das Gericht vor der Verhandlung mit den Beteiligten eine weitere Aufklärung für angemessen, so hat es den Antragsteller zur Ergänzung des Antrags, insbesondere zur Angabe der den einzelnen Beteiligten in Ansehung des Nachlasses zustehenden Ansprüche, zu veranlassen. Es kann dem Antragsteller auch die Beschaffung der Unterlagen aufgeben.

§ 88. Einem abwesenden Beteiligten kann, wenn die Voraussetzungen der Abwesenheitspflegschaft vorliegen und eine Pflegschaft über ihn nicht bereits anhängig ist, für das Auseinandersetzungsverfahren von dem Nachlaßgericht ein Pfleger bestellt werden. Für die Pflegschaft tritt an die Stelle des Vormundschaftsgerichts das Nachlaßgericht.

§ 89. Das Gericht hat den Antragsteller und die übrigen Beteiligten, diese unter Mitteilung des

Antrags, zu einem Verhandlungstermine zu laden. Die Ladung durch öffentliche Zustellung ist unzulässig. Die Ladung soll den Hinweis darauf enthalten, daß ungeachtet des Ausbleibens eines Beteiligten über die Auseinandersetzung verhandelt werden würde und daß, falls der Termin vertagt oder ein neuer Termin zur Fortsetzung der Verhandlung anberaumt werden sollte, die Ladung zu dem neuen Termin unterbleiben könne. Sind Unterlagen für die Auseinandersetzung vorhanden, so ist in der Ladung zu bemerken, daß die Unterlagen auf der Geschäftsstelle eingesehen werden können.

§ 90. Die Frist zwischen der Ladung und dem Termine muß mindestens zwei Wochen betragen.

Diese Vorschrift findet auf eine Vertagung sowie auf einen Termin zur Fortsetzung der Verhandlung keine Anwendung. In diesen Fällen kann die Ladung der zu dem früheren Termine geladenen Beteiligten durch die Verkündung des neuen Termins ersetzt werden.

§ 91. Treffen die erschienenen Beteiligten vor der Auseinandersetzung eine Vereinbarung über vorbereitende Maßregeln, insbesondere über die Art der Teilung, so hat das Gericht die Vereinbarung zu beurkunden. Das gleiche gilt, wenn nur ein Beteiligter erschienen ist, in Ansehung der von diesem gemachten Vorschläge.

Sind die Beteiligten sämtlich erschienen, so hat das Gericht die von ihnen getroffene Vereinbarung zu bestätigen. Dasselbe gilt, wenn die nicht erschienenen Beteiligten ihre Zustimmung zu gerichtlichem Protokoll oder in einer öffentlich beglaubigten Urkunde erteilen.

Ist ein Beteiligter nicht erschienen, so hat das

Gericht, sofern er nicht nach Abs. 2 Satz 2 zugestimmt hat, ihm den Inhalt der Urkunde, soweit dieser ihn betrifft, bekanntzumachen und ihn gleichzeitig zu benachrichtigen, daß er die Urkunde auf der Geschäftsstelle einsehen und eine Abschrift der Urkunde fordern könne. Die Bekanntmachung muß den Hinweis darauf enthalten, daß, wenn der Beteiligte nicht innerhalb einer von dem Gerichte zu bestimmenden Frist die Anberaumung eines neuen Termins beantrage oder wenn er in dem neuen Termine nicht erscheine, sein Einverständnis mit dem Inhalte der Urkunde angenommen werden würde. Beantragt der Beteiligte rechtzeitig die Anberaumung eines neuen Termins und erscheint er in diesem Termine, so ist die Verhandlung fortzusetzen. Anderenfalls hat das Gericht die Vereinbarung zu bestätigen.

§ 92. War im Falle des § 91 der Beteiligte ohne sein Verschulden verhindert, die Anberaumung eines neuen Termins rechtzeitig zu beantragen oder in dem neuen Termine zu erscheinen, so ist ihm auf Antrag von dem Gerichte die Wiedereinsetzung in den vorigen Stand zu erteilen, wenn er binnen zwei Wochen nach der Beseitigung des Hindernisses die Anberaumung eines neuen Termins beantragt und die Tatsachen, welche die Wiedereinsetzung begründen, glaubhaft macht. Eine Versäumung, die in dem Verschulden eines Vertreters ihren Grund hat, wird als eine unverschuldete nicht angesehen. Nach dem Ablauf eines Jahres, von dem Ende der versäumten Frist an gerechnet, kann die Wiedereinsetzung nicht mehr beantragt werden.

§ 93. Sobald nach Lage der Sache die Auseinandersetzung stattfinden kann, hat das Gericht einen Auseinandersetzungsplan anzufertigen. Sind die erschienenen Beteiligten mit dem Inhalte des Planes einverstanden, so hat das Gericht die Auseinandersetzung zu beurkunden. Sind die Beteiligten sämtlich erschienen, so hat das Gericht die Auseinandersetzung zu bestätigen; dasselbe gilt, wenn die nicht erschienenen Beteiligten ihre Zustimmung zu gerichtlichem Protokoll oder in einer öffentlich beglaubigten Urkunde erteilen.

Ist ein Beteiligter nicht erschienen, so hat das Gericht nach § 91 Abs. 3 zu verfahren. Die Vorschriften des § 92 finden entsprechende Anwendung.

§ **94.** Ist vereinbart, daß eine Verteilung durch das Los geschehen soll, so wird das Los, sofern nicht ein anderes bestimmt ist, für die nicht erschienenen Beteiligten von einem durch das Gericht zu bestellenden Vertreter gezogen.

§ **95.** Ergeben sich bei den Verhandlungen Streitpunkte, so ist ein Protokoll darüber aufzunehmen und das Verfahren bis zur Erledigung der Streitpunkte auszusetzen. Soweit bezüglich der unstreitigen Punkte die Aufnahme einer Urkunde ausführbar ist, hat das Gericht nach den §§ 91, 93 zu verfahren.

§ **96.** Gegen den Beschluß, durch welchen eine vorgängige Vereinbarung oder eine Auseinandersetzung bestätigt, sowie gegen den Beschluß, durch welchen über den Antrag auf Wiedereinsetzung in den vorigen Stand entschieden wird, findet die sofortige Beschwerde statt. Die Beschwerde gegen den Bestätigungsbeschluß kann nur darauf gegründet werden, daß die Vorschriften über das Verfahren nicht beobachtet seien.

§ **97.** Eine vorgängige Vereinbarung sowie eine Auseinandersetzung ist nach dem Eintritte der Rechtskraft des Bestätigungsbeschlusses für alle Beteiligten in gleicher Weise verbindlich wie eine vertragsmäßige Vereinbarung oder Auseinandersetzung.

Bedarf ein Beteiligter zur Vereinbarung oder zur Auseinandersetzung der Genehmigung des Vormundschaftsgerichts, so ist, wenn er im Inlande keinen Vormund, Pfleger oder Beistand hat, für die Erteilung oder die Verweigerung der Genehmigung an Stelle des Vormundschaftsgerichts das Nachlaßgericht zuständig.

§ 98. Aus einer vorgängigen Vereinbarung sowie aus einer Auseinandersetzung findet nach dem Eintritte der Rechtskraft des Bestätigungsbeschlusses die Zwangsvollstreckung statt. Die Vorschriften der §§ 795, 797 der Zivilprozeßordnung finden Anwendung.

§ 99. Nach der Beendigung einer ehelichen Gütergemeinschaft oder einer fortgesetzten Gütergemeinschaft finden auf die Auseinandersetzung in Ansehung des Gesamtguts die Vorschriften der §§ 86 bis 98 entsprechende Anwendung.

Für die Auseinandersetzung ist, falls ein Anteil an dem Gesamtgute zu einem Nachlasse gehört, das Amtsgericht zuständig, welches für die Auseinandersetzung in Ansehung des Nachlasses zuständig ist. Im übrigen ist das Amtsgericht zuständig, in dessen Bezirke der Ehemann oder bei fortgesetzter Gütergemeinschaft der überlebende Ehegatte zur Zeit der Beendigung der Gütergemeinschaft seinen Wohnsitz oder in Ermangelung eines inländischen Wohnsitzes seinen Aufenthalt hatte. Hatte der Ehemann oder der Ehegatte zu der bezeichneten Zeit im Inlande weder Wohnsitz noch Aufenthalt, so finden die Vorschriften des § 73 Abs. 2 entsprechende Anwendung.

Sechster Abschnitt.

Schiffspfandrecht.

§ 100. In Ansehung eines Pfandrechts an einem im Schiffsregister eingetragenen Schiffe soll, soweit nicht das Gesetz ein anderes vorschreibt, eine Eintragung nur auf Antrag erfolgen. Der Zeitpunkt, in welchem der Antrag bei der Registerbehörde eingeht, soll auf dem Antrage genau vermerkt werden.

Antragsberechtigt ist jeder, dessen Recht von der Eintragung betroffen wird oder zu dessen Gunsten die Eintragung erfolgen soll. Die Vorschriften der §§ 14 bis 18 der Grundbuchordnung finden entsprechende Anwendung.

Die §§ 14 bis 18 der Grundbuchordnung lauten:

§ 14. Die Berichtigung des Grundbuchs durch Eintragung eines Berechtigten darf auch von demjenigen beantragt werden, welcher auf Grund eines gegen den Berechtigten vollstreckbaren Titels eine Eintragung in das Grundbuch verlangen kann, sofern die Zulässigkeit dieser Eintragung von der vorgängigen Berichtigung des Grundbuchs abhängt.

§ 15. Ist die zu einer Eintragung erforderliche Erklärung von einem Notar beurkundet oder beglaubigt, so gilt dieser als ermächtigt, im Namen eines Antragsberechtigten die Eintragung zu beantragen.

§ 16. Einem Eintragungsantrage, dessen Erledigung an einen Vorbehalt geknüpft wird, soll nicht stattgegeben werden.

Werden mehrere Eintragungen beantragt, so kann von dem Antragsteller bestimmt werden, daß die eine Eintragung nicht ohne die andere erfolgen soll.

§ 17. Werden mehrere Eintragungen beantragt, durch die dasselbe Recht betroffen wird, so darf die später beantragte Eintragung nicht vor der Erledigung des früher gestellten Antrags erfolgen.

§ 18. Steht einer beantragten Eintragung ein Hindernis entgegen, so hat das Grundbuchamt entweder den Antrag unter Angabe der Gründe zurückzuweisen oder dem Antragsteller eine angemessene Frist zur Hebung des Hindernisses zu bestimmen. Im letzteren Falle ist der Antrag nach dem Ablaufe der Frist zurückzuweisen, wenn nicht inzwischen die Hebung des Hindernisses nachgewiesen ist.

Wird vor der Erledigung des Antrags eine andere Eintragung beantragt, durch die dasselbe Recht betroffen wird, so ist zugunsten des früher gestellten Antrags von Amts wegen eine Vormerkung oder ein Widerspruch einzutragen; die Eintragung gilt im Sinne des § 17 als Erledigung dieses Antrags. Die Vormerkung oder der Widerspruch wird von Amts wegen gelöscht, wenn der früher gestellte Antrag zurückgewiesen wird.

§ 101. Eine Eintragung erfolgt, wenn derjenige sie bewilligt, dessen Recht von ihr betroffen wird.

§ 102. Zur Berichtigung des Schiffsregisters bedarf es der Bewilligung desjenigen, dessen Recht von der Berichtigung betroffen wird, nicht, wenn die Unrichtigkeit nachgewiesen wird. Dies gilt insbesondere für die Eintragung oder Löschung einer Verfügungsbeschränkung.

§ 103. Ist eine Vormerkung oder ein Widerspruch auf Grund einer einstweiligen Verfügung eingetragen, so bedarf es zur Löschung nicht der Bewilligung des Berechtigten, wenn die einstweilige Verfügung durch eine vollstreckbare Entscheidung aufgehoben ist. Diese Vorschrift findet entsprechende Anwendung, wenn auf Grund eines vorläufig vollstreckbaren Urteils nach den Vorschriften der Zivilprozeßordnung eine Vormerkung oder ein Widerspruch eingetragen ist.

§ 104. Soll die Übertragung einer Forderung, für die ein Pfandrecht am Schiffe eingetragen ist oder für die ein solches Pfandrecht als Pfand haftet, eingetragen werden, so genügt es, wenn an Stelle der Eintragungsbewilligung die Abtretungserklärung des bisherigen Gläubigers vorgelegt wird.

Diese Vorschrift findet entsprechende Anwendung, wenn eine Belastung der Forderung eingetragen werden soll.

§ 105. Ein Pfandrecht am Schiffe darf nur mit Zustimmung des eingetragenen Eigentümers, ein das Pfandrecht belastendes Recht nur mit Zustimmung des eingetragenen Pfandgläubigers gelöscht werden. Für eine Löschung, die zur Berichtigung des Schiffsregisters erfolgen soll, ist die Zustimmung nicht erforderlich, wenn die Unrichtigkeit des Registers nachgewiesen wird.

§ 106. In der Eintragungsbewilligung oder, wenn eine solche nicht erforderlich ist, in dem Eintragungsantrage sind der Name und die Ordnungsnummer, unter welcher das Schiff im Schiffsregister eingetragen ist, sowie die einzutragenden Geldbeträge in Reichswährung anzugeben.

§ 107. Eine Eintragung soll nur erfolgen, wenn die Eintragungsbewilligung oder die sonstigen zu der Eintragung erforderlichen Erklärungen vor der Registerbehörde zu Protokoll gegeben oder durch öffentliche oder öffentlich beglaubigte Urkunden nachgewiesen werden.

Andere Voraussetzungen der Eintragung bedürfen, soweit sie nicht bei der Registerbehörde offenkundig sind, des Nachweises durch öffentliche Urkunden. Die Vorschriften der §§ 33 bis 38 der Grundbuchordnung finden entsprechende Anwendung.

Die §§ 33 bis 38 der Grundbuchordnung lauten:

§ 33. Der Nachweis, daß der Vorstand einer Aktiengesellschaft aus den im Handelsregister eingetragenen Personen besteht, wird durch ein Zeugnis des Gerichts über die Eintragung geführt

Das gleiche gilt von dem Nachweise der Befugnis zur Vertretung einer offenen Handelsgesellschaft, einer Kommanditgesellschaft, einer Kommanditgesellschaft auf Aktien oder einer Gesellschaft mit beschränkter Haftung.

§ 34. Der Nachweis, daß zwischen Ehegatten Gütertrennung oder ein vertragsmäßiges Güterrecht besteht oder daß ein Gegenstand zum Vorbehaltsgut eines Ehegatten gehört, wird durch ein Zeugnis des Gerichts über die Eintragung des güterrechtlichen Verhältnisses im Güterrechtsregister geführt.

§ 35. Ist in den Fällen der §§ 33, 34 das Grundbuchamt zugleich das Registergericht, so genügt statt des Zeugnisses die Bezugnahme auf das Register.

§ 36. Der Nachweis der Erbfolge kann nur durch einen Erbschein geführt werden. Beruht jedoch die Erbfolge auf einer Verfügung von Todes wegen, die in einer öffentlichen Urkunde enthalten ist, so genügt es, wenn an Stelle des Erbscheins die Verfügung und das Protokoll über die Eröffnung der Verfügung vorgelegt werden; erachtet das Grundbuchamt die Erbfolge durch diese Urkunden nicht für nachgewiesen, so kann es die Vorlegung eines Erbscheins verlangen.

Das Bestehen der fortgesetzten Gütergemeinschaft sowie die Befugnis eines Testamentsvollstreckers zur Verfügung über einen Nachlaßgegenstand ist nur auf Grund der in den §§ 1507, 2368 des Bürgerlichen Gesetzbuchs vorgesehenen Zeugnisse als nachgewiesen anzunehmen; auf den Nachweis der Befugnis des Testamentsvollstreckers finden jedoch die Vorschriften des Abs. 1 Satz 2 entsprechende Anwendung.

§ 37. Soll bei einer zu einem Nachlasse gehörenden Hypothek, Grundschuld oder Rentenschuld einer von mehreren Erben als neuer Gläubiger eingetragen werden, so genügt zum Nachweise der Erbfolge und der Eintragungsbewilligung der Erben ein Zeugnis des Nachlaßgerichts.

Das Zeugnis darf nur ausgestellt werden, wenn die Voraussetzungen für die Erteilung eines Erbscheins vorliegen und die Erklärungen der Erben vor dem Nachlaßgerichte zu Protokoll gegeben oder durch öffentliche oder öffentlich beglaubigte Urkunden nachgewiesen sind.

§ 38. Die Vorschriften des § 37 finden entsprechende Anwendung, wenn bei einer Hypothek, Grundschuld oder Rentenschuld, die zu dem Gesamtgut einer ehelichen Gütergemeinschaft oder einer fortgesetzten Gütergemeinschaft gehört, ein Beteiligter, auf den das Recht bei der Auseinandersetzung übertragen ist, als neuer Gläubiger eingetragen werden soll.

§ 108. Für den Eintragungsantrag sowie für die Vollmacht zur Stellung eines solchen gelten die Vorschriften des § 107 Abs. 1 nur, wenn durch den Antrag zugleich eine zu der Eintragung erforderliche Erklärung ersetzt werden soll.

§ 109. Erklärungen, durch die ein Eintragungsantrag zurückgenommen oder eine zur Stellung des Eintragungsantrags erteilte Vollmacht widerrufen wird, bedürfen der im § 107 Abs. 1 vorgeschriebenen Form.

§ 110. In den Fällen, in denen nach gesetzlicher Vorschrift eine Behörde befugt ist, die Registerbehörde um eine Eintragung zu ersuchen, erfolgt die Eintragung auf Grund des Ersuchens der Behörde.

§ 111. Eine Eintragung soll nur erfolgen, wenn derjenige, dessen Recht durch sie betroffen wird, als der Berechtigte eingetragen ist.

Ist derjenige, dessen Recht durch eine Eintragung betroffen wird, Erbe des eingetragenen Berechtigten, so findet die Vorschrift des Abs. 1 keine Anwendung, wenn die Übertragung oder die Aufhebung des Rechtes eingetragen werden soll oder wenn der Eintragungsantrag durch die Bewilligung des Erblassers oder eines Nachlaßpflegers oder durch einen gegen den Erblasser oder den Nachlaßpfleger vollstreckbaren Titel begründet wird. Das gleiche gilt für eine Eintragung auf Grund der Bewilligung eines Testamentsvollstreckers oder auf Grund eines gegen diesen vollstreckbaren Titels, sofern die Bewilligung oder der Titel gegen den Erben wirksam ist.

§ 112. Bei einem Pfandrechte für die Forderung aus einer Schuldverschreibung auf den Inhaber, aus einem Wechsel oder einem anderen Papiere, das durch Indossament übertragen werden kann, soll eine Eintragung nur erfolgen, wenn die Urkunde vorgelegt wird.

Diese Vorschrift findet keine Anwendung, wenn eine Eintragung auf Grund der Bewilligung eines nach den §§ 1189, 1270 des Bürgerlichen Gesetzbuchs bestellten Vertreters oder auf Grund einer gegen diesen erlassenen gerichtlichen Entscheidung bewirkt werden soll.

§ 113. Jede Eintragung soll den Tag, an welchem sie erfolgt ist, angeben und mit der Unterschrift des zuständigen Beamten versehen werden.

§ 114. Die Eintragungen erhalten diejenige Reihenfolge, welche der Zeitfolge der Anträge entspricht; sind die Anträge gleichzeitig gestellt, so ist, wenn unter den Eintragungen ein Rangverhältnis besteht, im Schiffsregister zu vermerken, daß die Eintragungen gleichen Rang haben.

Diese Vorschriften finden insoweit keine Anwendung, als das Rangverhältnis von den Antragstellern abweichend bestimmt ist.

§ 115. Die Löschung eines Rechtes oder einer Verfügungsbeschränkung erfolgt durch Eintragung eines Löschungsvermerkes.

§ 116. Werden mehrere Schiffe mit einem Pfandrechte belastet, so ist auf dem Blatte jedes Schiffes die Mitbelastung der übrigen von Amts wegen erkennbar zu machen. Das gleiche gilt, wenn mit einem an einem Schiffe bestehenden Pfandrechte nachträglich noch ein anderes Schiff belastet wird. Soweit eine Mitbelastung erlischt, ist dies von Amts wegen zu vermerken.

§ 117. Bei der Eintragung eines Pfandrechts für Teilschuldverschreibungen auf den Inhaber genügt es, wenn der Gesamtbetrag der Forderungen unter Angabe der Anzahl, des Betrags und der Bezeichnung der Teile eingetragen wird.

§ 118. Ist ein Testamentsvollstrecker ernannt, so ist dies bei der Eintragung des Erben des Gläubigers von Amts wegen miteinzutragen, es sei denn, daß das eingetragene Recht der Verwaltung des Testamentsvollstreckers nicht unterliegt.

§ 119. Ergibt sich, daß die Registerbehörde unter Verletzung gesetzlicher Vorschriften eine Eintragung vorgenommen hat, durch die das Schiffsregister unrichtig geworden ist, so ist von Amts wegen ein Widerspruch einzutragen. Erweist sich eine Eintragung nach ihrem Inhalt als unzulässig, so ist sie von Amts wegen zu löschen.

§ 120. Jede Eintragung ist baldtunlichst auf dem Schiffszertifikat oder dem Schiffsbriefe zu vermerken.

Wird eine Urkunde über die Pfandforderung vorgelegt, so ist die Eintragung auch auf dieser Urkunde unter kurzer Bezeichnung des Inhalts der Eintragungen, welche dem Pfandrecht im Range vorgehen oder gleichstehen, zu vermerken. Der Vermerk ist mit Unterschrift und Siegel zu versehen.

§ 121. Jede Eintragung soll dem Antragsteller und dem eingetragenen Eigentümer sowie im übrigen allen aus dem Schiffsregister ersichtlichen Personen bekannt gemacht werden, zu deren Gunsten die Eintragung erfolgt ist oder deren Recht durch sie betroffen wird. Auf die Bekanntmachung kann verzichtet werden.

§ 122. Die Beschwerde gegen eine Eintragung ist unzulässig. Im Wege der Beschwerde kann jedoch verlangt werden, daß die Registerbehörde angewiesen wird, nach § 119 einen Widerspruch einzutragen oder eine Löschung vorzunehmen.

§ 123. Das Beschwerdegericht kann vor der Entscheidung durch eine einstweilige Anordnung der Registerbehörde aufgeben, eine Vormerkung oder einen Widerspruch einzutragen.

Die Vormerkung oder der Widerspruch wird von Amts wegen gelöscht, wenn die Beschwerde zurückgenommen oder zurückgewiesen wird.

§ 124. Bei der Einlegung der weiteren Beschwerde durch Einreichung einer Beschwerdeschrift bedarf es der Zuziehung eines Rechtsanwalts nicht, wenn die Beschwerde von dem Notar eingelegt wird, der die zu der Eintragung erforderliche Erklärung beurkundet oder beglaubigt und im Namen eines Antragsberechtigten den Eintragungsantrag gestellt hat. Die Vorschrift des § 29 Abs. 1 Satz 3 bleibt unberührt.

Siebenter Abschnitt.

Handelssachen.

§ 125. Für die Führung des Handelsregisters sind die Amtsgerichte zuständig.

Durch Anordnung der Landesjustizverwaltung kann die Führung des Registers für mehrere Amtsgerichtsbezirke einem Amtsgericht übertragen werden.

§ 126. Die Organe des Handelsstandes sind verpflichtet, die Registergerichte behufs der Verhütung unrichtiger Eintragungen sowie behufs der Berichtigung und Vervollständigung des Handelsregisters zu unterstützen; sie sind berechtigt, Anträge zu diesem Zwecke bei den Registergerichten zu stellen und gegen Verfügungen, durch die über solche Anträge entschieden wird, das Rechtsmittel der Beschwerde zu erheben.

Die näheren Bestimmungen werden von den Landesregierungen getroffen.

§ 127. Das Registergericht kann, wenn eine von ihm zu erlassende Verfügung von der Beurteilung eines streitigen Rechtsverhältnisses abhängig ist, die Verfügung aussetzen, bis über das Verhältnis im Wege des Rechtsstreits entschieden ist. Es kann, wenn der Rechtsstreit nicht anhängig ist, einem der Beteiligten eine Frist zur Erhebung der Klage bestimmen.

§ 128. Die Anmeldungen zur Eintragung in das Handelsregister sowie die zur Aufbewahrung bei dem Gerichte bestimmten Zeichnungen von Unterschriften können zum Protokolle der Geschäftsstelle des Registergerichts erfolgen.

§ 129. Ist die zu einer Eintragung erforderliche Erklärung von einem Notar beurkundet oder beglaubigt, so gilt dieser als ermächtigt, im Namen des zur Anmeldung Verpflichteten die Eintragung zu beantragen. Die Vorschriften des § 124 finden entsprechende Anwendung.

§ 130. Jede Eintragung soll den Tag, an welchem sie erfolgt ist, angeben und mit der Unterschrift des zuständigen Beamten versehen werden.

Jede Eintragung soll demjenigen, welcher sie beantragt hat, bekannt gemacht werden. Auf die Bekanntmachung kann verzichtet werden.

§ 131. Die Eintragung einer Zweigniederlassung ist von Amts wegen dem Registergerichte der Hauptniederlassung mitzuteilen und in dessen Register zu vermerken. Das gleiche gilt, wenn die Zweigniederlassung aufgehoben wird.

§ 132. Sobald das Registergericht von einem sein Einschreiten nach den §§ 14, 319 und dem § 325 Nr. 9 des Handelsgesetzbuchs rechtfertigenden Sachverhalte glaubhafte Kenntnis erhält, hat es dem Beteiligten unter Androhung einer Ordnungsstrafe aufzugeben, innerhalb einer bestimmten Frist seiner gesetzlichen Verpflichtung nachzukommen oder die Unterlassung mittels Einspruchs gegen die Verfügung zu rechtfertigen.

Die Beschwerde gegen diese Verfügung ist unzulässig.

§ 133. Wird innerhalb der bestimmten Frist weder der gesetzlichen Verpflichtung genügt noch Einspruch erhoben, so ist die angedrohte Strafe festzusetzen und zugleich die frühere Verfügung unter Androhung einer erneuten Ordnungsstrafe zu wiederholen.

In gleicher Weise ist fortzufahren, bis der gesetzlichen Verpflichtung genügt oder Einspruch erhoben wird.

§ 134. Wird rechtzeitig Einspruch erhoben, so hat das Gericht, wenn sich der Einspruch nicht ohne weiteres als begründet ergibt, zur Erörterung der Sache den Beteiligten zu einem Termine zu laden.

Das Gericht kann, auch wenn der Beteiligte nicht erscheint, nach Lage der Sache entscheiden.

§ 135. Wird der Einspruch für begründet erachtet, so ist die erlassene Verfügung aufzuheben.

Anderenfalls hat das Gericht den Einspruch zu verwerfen und die angedrohte Strafe festzusetzen. Das Gericht kann, wenn die Umstände es rechtfertigen, von der Festsetzung einer Strafe absehen oder eine geringere als die angedrohte Strafe festsetzen.

Im Falle der Verwerfung des Einspruchs hat das Gericht zugleich eine erneute Verfügung nach § 132 zu erlassen. Die in dieser Verfügung bestimmte Frist beginnt mit dem Eintritte der Rechtskraft der Verwerfung des Einspruchs.

§ 136. Wird im Falle des § 133 gegen die wiederholte Verfügung Einspruch erhoben und dieser für begründet erachtet, so kann das Gericht, wenn die Umstände es rechtfertigen, zugleich die früher festgesetzte Strafe aufheben oder an deren Stelle eine geringere Strafe festsetzen.

§ 137. Gegen die Versäumung der Einspruchsfrist ist auf Antrag nach Maßgabe des § 22 Abs. 2 die Wiedereinsetzung in den vorigen Stand zu erteilen.

§ 138. Bei der Festsetzung der Ordnungsstrafe ist der Beteiligte zugleich in die Kosten des Verfahrens zu verurteilen.

§ 139. Gegen den Beschluß, durch welchen die Ordnungsstrafe festgesetzt oder der Einspruch verworfen wird, findet die sofortige Beschwerde statt.

Ist die Strafe nach Maßgabe des § 133 festgesetzt, so kann die Beschwerde nicht darauf gestützt werden, daß die Verfügung, durch welche die Strafe angedroht worden ist, nicht gerechtfertigt gewesen sei.

§ 140. Soll nach § 37 Abs. 1 des Handelsgesetzbuchs gegen eine Person eingeschritten werden, die eine ihr nicht zustehende Firma gebraucht, so finden die Vorschriften der §§ 132 bis 139 mit der Maßgabe Anwendung, daß

1. in der nach § 132 zu erlassenden Verfügung dem Beteiligten aufgegeben wird, sich des Ge-

brauchs der Firma zu enthalten oder binnen bestimmter Frist den Gebrauch der Firma mittels Einspruchs gegen die Verfügung zu rechtfertigen;

2. die Ordnungsstrafe festgesetzt wird, falls kein Einspruch erhoben oder der erhobene Einspruch rechtskräftig verworfen ist und der Beteiligte nach der Bekanntmachung der Verfügung dieser zuwidergehandelt hat.

§ 141. Soll nach § 31 Abs. 2 des Handelsgesetzbuchs das Erlöschen einer Firma von Amts wegen in das Handelsregister eingetragen werden, so hat das Registergericht den eingetragenen Inhaber der Firma oder dessen Rechtsnachfolger von der beabsichtigten Löschung zu benachrichtigen und ihm zugleich eine angemessene Frist zur Geltendmachung eines Widerspruchs zu bestimmen. Die Frist darf nicht weniger als drei Monate betragen.

Sind die bezeichneten Personen oder deren Aufenthalt nicht bekannt, so erfolgt die Benachrichtigung und die Bestimmung der Frist durch Einrückung in diejenigen Blätter, welche für die Bekanntmachungen der Eintragungen in das Handelsregister bestimmt sind. Es kann angeordnet werden, daß die Bekanntmachung noch in andere Blätter eingerückt wird.

Wird Widerspruch erhoben, so entscheidet über ihn das Gericht. Gegen die den Widerspruch zurückweisende Verfügung findet die sofortige Beschwerde statt.

Die Löschung darf nur erfolgen, wenn Widerspruch nicht erhoben oder wenn die den Widerspruch zurückweisende Verfügung rechtskräftig geworden ist.

§ 142. Ist eine Eintragung in das Handelsregister bewirkt, obgleich sie wegen Mangels einer wesentlichen Voraussetzung unzulässig war, so kann das Registergericht sie von Amts wegen löschen. Die Löschung geschieht durch Eintragung eines Vermerkes.

Das Gericht hat den Beteiligten von der beabsichtigten Löschung zu benachrichtigen und ihm zugleich eine angemessene Frist zur Geltendmachung eines Widerspruchs zu bestimmen.

Auf das weitere Verfahren finden die Vorschriften des § 141 Abs. 3, 4 Anwendung.

§ 143. Die Löschung einer Eintragung kann gemäß den Vorschriften des § 142 auch von dem Landgerichte verfügt werden, welches dem Registergericht im Instanzenzuge vorgeordnet ist. Die Vorschrift des § 30 Abs. 1 Satz 2 findet Anwendung.

Gegen die einen Widerspruch zurückweisende Verfügung des Landgerichts findet die sofortige Beschwerde an das Oberlandesgericht mit der Maßgabe statt, daß die Vorschriften des § 28 Abs. 2, 3 zur entsprechenden Anwendung kommen. Die weitere Beschwerde ist ausgeschlossen.

§ 144. Eine in das Handelsregister eingetragene Aktiengesellschaft oder Kommanditgesellschaft auf Aktien kann gemäß den Vorschriften der §§ 142, 143 als nichtig gelöscht werden, wenn die Voraussetzungen vorliegen, unter denen nach den §§ 309, 310 des Handelsgesetzbuchs die Nichtigkeitsklage erhoben werden kann. Das gleiche gilt für eine in das Handelsregister eingetragene Gesellschaft mit beschränkter Haftung, wenn die Voraussetzungen vorliegen, unter denen nach den §§ 75, 76 des Gesetzes, betreffend die Gesellschaften mit beschränkter Haftung, die Nichtigkeitsklage erhoben werden kann.

Ein in das Handelsregister eingetragener Beschluß der Generalversammlung oder Versammlung der Gesellschafter einer der im Abs. 1 bezeichneten Gesellschaften kann gemäß den Vorschriften der §§ 142, 143 als nichtig gelöscht werden, wenn er durch seinen Inhalt zwingende Vorschriften des Gesetzes verletzt und seine Beseitigung im öffentlichen Interesse erforderlich erscheint.

In den Fällen der Abs. 1, 2 soll die nach § 142 Abs. 2 zu bestimmende Frist mindestens drei Monate betragen.

§ **145.** Die Amtsgerichte sind zuständig für die nach § 146 Abs. 2, § 147, § 157 Abs. 2, § 166 Abs. 3, § 192 Abs. 3, § 254 Abs. 3, § 266 Abs. 2, § 268 Abs. 2, § 295 Abs. 2, 3, § 302 Abs. 2 bis 4, § 338 Abs. 3, § 524 Abs. 1, 2, § 530 Abs. 1, §§ 590, 685, § 729 Abs. 1, § 884 Nr. 4 des Handelsgesetzbuchs von dem Gerichte zu erledigenden Angelegenheiten.

Ist die Führung des Handelsregisters für mehrere Amtsgerichtsbezirke einem Amtsgericht übertragen worden, so gehören zur Zuständigkeit dieses Amtsgerichts auch die im Abs. 1 bezeichneten Angelegenheiten, mit Ausnahme derjenigen Geschäfte, welche den Gerichten nach § 524 Abs. 1, 2, § 530 Abs. 1, §§ 590, 685, § 729 Abs. 1, § 884 Nr. 4 des Handelsgesetzbuchs obliegen.

§ **146.** Soweit in den im § 145 bezeichneten Angelegenheiten ein Gegner des Antragstellers vorhanden ist, hat ihn das Gericht wenn tunlich zu hören.

Gegen die Verfügung, durch welche über den Antrag entschieden wird, findet die sofortige Beschwerde statt.

Eine Anfechtung der Verfügung, durch welche einem nach § 524 Abs. 1, 2, § 530 Abs. 1, § 685, § 729 Abs. 1, § 884 Nr. 4 des Handelsgesetzbuchs gestellten Antrage stattgegeben wird, ist ausgeschlossen.

§ 147. Die Vorschriften der §§ 127 bis 131, 142, 143 finden auf die Eintragungen in das Genossenschaftsregister entsprechende Anwendung.

Eine in das Genossenschaftsregister eingetragene Genossenschaft kann gemäß den Vorschriften der §§ 142, 143 als nichtig gelöscht werden, wenn die Voraussetzungen vorliegen, unter denen nach den §§ 94, 95 des Gesetzes, betreffend die Erwerbs- und Wirtschaftsgenossenschaften, die Nichtigkeitsklage erhoben werden kann.

Ein in das Genossenschaftsregister eingetragener Beschluß der Generalversammlung einer Genossenschaft kann gemäß den Vorschriften der §§ 142, 143 als nichtig gelöscht werden, wenn er durch seinen Inhalt zwingende Vorschriften des Gesetzes verletzt und seine Beseitigung im öffentlichen Interesse erforderlich erscheint.

In den Fällen der Abs. 2, 3 soll die nach § 142 Abs. 2 zu bestimmende Frist mindestens drei Monate betragen.

§ 148. Die Vorschriften des § 146 Abs. 1, 2 finden auf die nach § 45 Abs. 3, § 61, § 83 Abs. 3, 4, § 93 des Gesetzes, betreffend die Erwerbs- und Wirtschaftsgenossenschaften, und nach § 66 Abs. 2, 3, § 74 des Gesetzes, betreffend die Gesellschaften mit beschränkter Haftung, von dem Registergerichte zu erledigenden Angelegenheiten Anwendung.

Gegen die Verfügung, durch welche der im § 11 des Gesetzes, betreffend die privatrechtlichen Verhältnisse der Binnenschiffahrt, oder der im § 8 des Gesetzes, betreffend die privatrechtlichen Verhältnisse der Flößerei, bezeichnete Antrag auf Beweisaufnahme oder der im § 87 Abs. 2 des ersteren Gesetzes bezeichnete Antrag nach Bestellung eines Dispacheurs zurückgewiesen wird, findet die sofortige Beschwerde statt. Eine Anfechtung der Verfügung, durch welche einem solchen Antrage stattgegeben wird, ist ausgeschlossen.

§ 149. Für die Verrichtungen, welche den Gerichten in Ansehung der nach dem Handelsgesetzbuch oder nach dem Gesetze, betreffend die privatrechtlichen Verhältnisse der Binnenschiffahrt, aufzumachenden Dispache obliegen, ist das Amtsgericht des Ortes zuständig, an welchem die Verteilung der Havereischäden zu erfolgen hat.

§ 150. Lehnt der Dispacheur den Auftrag eines Beteiligten zur Aufmachung der Dispache aus dem Grunde ab, weil ein Fall der großen Haverei nicht vorliege, so entscheidet über die Verpflichtung des Dispacheurs auf Antrag des Beteiligten das Gericht. Gegen die Verfügung findet die sofortige Beschwerde statt.

§ 151. Auf Antrag des Dispacheurs kann das Gericht einem Beteiligten unter Androhung von Ordnungsstrafen aufgeben, dem Dispacheur die in seinem Besitze befindlichen Schriftstücke, zu deren Mitteilung er gesetzlich verpflichtet ist, auszuhändigen. Die einzelne Strafe darf den Betrag von dreihundert Mark nicht übersteigen.

§ 152. Der Dispacheur ist verpflichtet, jedem Beteiligten Einsicht in die Dispache zu gewähren und ihm auf Verlangen eine Abschrift gegen Erstattung der Kosten zu erteilen. Das gleiche gilt, wenn die Dispache nach dem Gesetze, betreffend die privatrechtlichen Verhältnisse der Binnenschiffahrt, von dem Schiffer aufgemacht worden ist, für diesen.

§ 153. Jeder Beteiligte ist befugt, bei dem Gericht eine Verhandlung über die von dem Dispacheur aufgemachte Dispache zu beantragen. In dem Antrage sind diejenigen Beteiligten zu bezeichnen, welche zu dem Verfahren zugezogen werden sollen.

Wird ein Antrag auf gerichtliche Verhandlung gestellt, so hat das Gericht die Dispache und deren Unterlagen von dem Dispacheur einzuziehen und, wenn nicht offensichtlich die Voraussetzungen der großen Haverei fehlen, den Antragsteller sowie die von ihm bezeichneten Beteiligten zu einem Termine zu laden. Mehrere Anträge können von dem Gerichte zum Zwecke der gleichzeitigen Verhandlung verbunden werden.

Die Ladung muß den Hinweis darauf enthalten, daß, wenn der Geladene weder in dem Termin erscheine noch vorher Widerspruch gegen die Dispache bei dem Gericht anmelde, sein Einverständnis mit der Dispache angenommen werden würde. In der Ladung ist zu bemerken, daß die Dispache und deren Unterlagen auf der Geschäftsstelle eingesehen werden können.

Die Frist zwischen der Ladung und dem Termine muß wenigstens zwei Wochen betragen.

§ 154. Erachtet das Gericht eine Vervollständigung der Unterlagen der Dispache für notwendig, so hat es die Beibringung der erforderlichen Belege anzuordnen. Die Vorschriften des § 151 finden entsprechende Anwendung.

§ 155. In dem Termin ist mit den Erschienenen über die Dispache zu verhandeln.

Wird ein Widerspruch gegen die Dispache nicht erhoben und ist ein solcher auch vorher nicht angemeldet, so hat das Gericht die Dispache gegenüber den an dem Verfahren Beteiligten zu bestätigen.

Liegt ein Widerspruch vor, so haben sich die Beteiligten, deren Rechte durch ihn betroffen werden, zu erklären. Wird der Widerspruch als begründet anerkannt oder kommt anderweit eine Einigung zustande, so ist die Dispache demgemäß zu berichtigen. Erledigt sich der Widerspruch nicht, so ist die Dispache insoweit zu bestätigen, als sie durch den Widerspruch nicht berührt wird.

Werden durch den Widerspruch die Rechte eines in dem Termine nicht erschienenen Beteiligten betroffen, so wird angenommen, daß dieser den Widerspruch nicht als begründet anerkenne.

§ **156.** Soweit ein Widerspruch nicht gemäß § 155 Abs. 3 erledigt wird, hat ihn der Widersprechende durch Erhebung der Klage gegen diejenigen an dem Verfahren Beteiligten, deren Rechte durch den Widerspruch betroffen werden, zu verfolgen. Die das Verteilungsverfahren betreffenden Vorschriften der §§ 878, 879 der Zivilprozeßordnung finden mit der Maßgabe entsprechende Anwendung, daß das Gericht einem Beteiligten auf seinen Antrag, wenn erhebliche Gründe glaubhaft gemacht werden, die Frist zur Erhebung der Klage verlängern kann und daß an die Stelle der Ausführung des Verteilungsplans die Bestätigung der Dispache tritt.

Ist der Widerspruch durch rechtskräftiges Urteil oder in anderer Weise erledigt, so wird die Dispache bestätigt, nachdem sie erforderlichenfalls von dem Amtsgerichte nach Maßgabe der Erledigung der Einwendungen berichtigt ist.

§ **157.** Gegen die Verfügung, durch welche ein nach § 153 gestellter Antrag auf gerichtliche Verhandlung zurückgewiesen oder über die Bestätigung der Dispache entschieden wird, findet die sofortige Beschwerde statt.

Einwendungen gegen die Dispache, welche mittels

Widerspruchs geltend zu machen sind, können nicht im Wege der Beschwerde geltend gemacht werden.

§ 158. Die Bestätigung der Dispache ist nur für das gegenseitige Verhältnis der an dem Verfahren Beteiligten wirksam.

Aus der rechtskräftig bestätigten Dispache findet die Zwangsvollstreckung nach den Vorschriften der Zivilprozeßordnung statt.

Für Klagen auf Erteilung der Vollstreckungsklausel sowie für Klagen, durch welche Einwendungen gegen die in der Dispache festgestellten Ansprüche geltend gemacht werden oder die bei der Erteilung der Vollstreckungsklausel als eingetreten angenommene Rechtsnachfolge bestritten wird, ist das Amtsgericht zuständig, welches die Dispache bestätigt hat. Gehört der Anspruch nicht vor die Amtsgerichte, so sind die Klagen bei dem zuständigen Landgerichte zu erheben.

Achter Abschnitt.

Vereinssachen. Güterrechtsregister.

§ 159. Auf die Eintragungen in das Vereinsregister finden die Vorschriften der §§ 127 bis 130, 142, 143, auf das Verfahren bei der Verhängung von Ordnungsstrafen gegen Mitglieder des Vorstandes oder Liquidatoren eines eingetragenen Vereins finden die Vorschriften der §§ 127, 132 bis 139 entsprechende Anwendung.

§ 160. Im Falle des § 37 des Bürgerlichen Gesetzbuchs soll das Gericht vor der Verfügung, durch welche über das Verlangen, eine Mitgliederversammlung zu berufen, entschieden wird, soweit tunlich den Vorstand des Vereins hören. Gegen die Verfügung findet die sofortige Beschwerde statt.

§ 161. Auf die Eintragungen in das Güterrechtsregister finden die Vorschriften der §§ 127 bis 130, 142, 143 entsprechende Anwendung.

Von einer Eintragung sollen in allen Fällen beide Ehegatten benachrichtigt werden.

§ 162. Das Amtsgericht hat auf Verlangen eine Bescheinigung darüber zu erteilen, daß bezüglich des Gegenstandes einer Eintragung weitere Eintragungen in das Vereins- oder Güterrechtsregister nicht vorhanden sind oder daß eine bestimmte Eintragung in das Register nicht erfolgt ist.

Neunter Abschnitt.

Offenbarungseid. Untersuchung und Verwahrung von Sachen. Pfandverkauf.

§ 163. Ist in den Fällen der §§ 259, 260, 2028, 2057 des Bürgerlichen Gesetzbuchs der Offenbarungseid nicht vor dem Prozeßgerichte zu leisten, so finden die Vorschriften des § 79 entsprechende Anwendung.

§ 164. In den Fällen, in denen nach den Vorschriften des bürgerlichen Rechtes jemand den Zustand oder den Wert einer Sache durch Sachverständige feststellen lassen kann, ist für die Ernennung, Beeidigung und Vernehmung der Sachverständigen das Amtsgericht zuständig, in dessen Bezirke sich die Sache befindet. Durch eine ausdrückliche Vereinbarung der Beteiligten kann die Zuständigkeit eines anderen Amtsgerichts begründet werden.

Eine Anfechtung der Verfügung, durch welche dem Antrage stattgegeben wird, ist ausgeschlossen.

Bei dem Verfahren ist der Gegner soweit tunlich zu hören.

§ 165. In den Fällen der §§ 432, 1217, 1281, 2039 des Bürgerlichen Gesetzbuchs ist für die Bestellung des Verwahrers das Amtsgericht zuständig, in dessen Bezirke sich die Sache befindet.

Über eine von dem Verwahrer beanspruchte Vergütung entscheidet das Amtsgericht.

Vor der Bestellung des Verwahrers und vor der Entscheidung über die Vergütung sind die Beteiligten soweit tunlich zu hören.

§ 166. Im Falle des § 1246 Abs. 2 des Bürgerlichen Gesetzbuchs ist für die Entscheidung des Gerichts das Amtsgericht des Ortes zuständig, an welchem das Pfand aufbewahrt wird.

Vor der Entscheidung sind die Beteiligten soweit tunlich zu hören.

Zehnter Abschnitt.

Gerichtliche und notarielle Urkunden.

§ 167. Für die gerichtliche Beurkundung eines Rechtsgeschäfts sowie für die gerichtliche Beglaubigung eines Handzeichens sind die Amtsgerichte zuständig.

Für die öffentliche Beglaubigung einer Unterschrift sind außer den Notaren die Amtsgerichte zuständig. Das gleiche gilt für die Aufnahme der im § 1718 und im § 1720 Abs. 2 des Bürgerlichen Gesetzbuchs vorgesehenen öffentlichen Urkunden über die Anerkennung der Vaterschaft; für die Aufnahme dieser Urkunden ist, wenn die Anerkennung der Vaterschaft bei der Anzeige der Geburt des Kindes oder bei der Eheschließung seiner Eltern erfolgt, auch der Standesbeamte zuständig, welcher die Geburt oder die Eheschließung beurkundet.

§ 168. Für die gerichtliche und die notarielle Beurkundung eines Rechtsgeschäfts gelten, unbeschadet der Vorschriften des Bürgerlichen Gesetzbuchs über die Errichtung von Testamenten und Erbverträgen, die §§ 169 bis 182. Als Beteiligter im Sinne der §§ 169 bis 182 ist derjenige anzusehen, dessen Erklärung beurkundet werden soll.

§ 169. Ist ein Beteiligter nach der Überzeugung des Richters oder des Notars taub, blind, stumm oder sonst am Sprechen verhindert, so muß der Richter einen Urkundsbeamten der Geschäftsstelle oder zwei Zeugen, der Notar einen zweiten Notar oder zwei Zeugen zuziehen.

§ 170. Als Richter, Notar, Urkundsbeamter der Geschäftsstelle oder Zeuge kann bei der Beurkundung nicht mitwirken:

1. wer selbst Beteiligter ist sowie derjenige, für welchen ein Beteiligter als Vertreter handelt;
2. der Ehegatte eines Beteiligten, auch wenn die Ehe nicht mehr besteht;
3. wer mit einem Beteiligten in gerader Linie oder im zweiten Grade der Seitenlinie verwandt oder verschwägert ist;
4. wer zu demjenigen, für welchen ein Beteiligter als Vertreter handelt, in einem Verhältnisse der unter Nr. 2, 3 bezeichneten Art steht.

§ 171. Als Richter, Notar, Urkundsbeamter der Geschäftsstelle oder Zeuge kann bei der Beurkundung nicht mitwirken:

1. derjenige, zu dessen Gunsten in der Urkunde eine Verfügung getroffen wird;
2. wer zu demjenigen, zu dessen Gunsten in der Urkunde eine Verfügung getroffen wird, in einem Verhältnisse der im § 170 Nr. 2, 3 bezeichneten Art steht.

Die Mitwirkung einer hiernach ausgeschlossenen Person hat zur Folge, daß die Beurkundung insoweit nichtig ist, als sie eine Verfügung zugunsten einer der im Abs. 1 Nr. 1, 2 bezeichneten Personen zum Gegenstande hat.

§ 172. Als Urkundsbeamter der Geschäftsstelle oder zweiter Notar oder Zeuge kann bei der Beurkundung nicht mitwirken, wer zu dem Richter oder dem beurkundenden Notar in einem Verhältnisse der im § 170 Nr. 2, 3 bezeichneten Art steht.

§ 173. Als Zeuge soll bei der Beurkundung nicht mitwirken:

1. ein Minderjähriger;
2. wer der bürgerlichen Ehrenrechte für verlustig erklärt ist, während der Zeit, für welche die Aberkennung der Ehrenrechte erfolgt ist;
3. wer nach den Vorschriften der Strafgesetze unfähig ist, als Zeuge eidlich vernommen zu werden;
4. wer als Gesinde oder Gehilfe im Dienste des Richters oder des beurkundenden Notars steht.

§ 174. Die bei der Beurkundung mitwirkenden Personen müssen bei der Vorlesung, Genehmigung und Unterzeichnung der Urkunde zugegen sein.

§ 175. Über die Verhandlung muß ein Protokoll in deutscher Sprache aufgenommen werden.

§ 176. Das Protokoll muß enthalten:

1. Ort und Tag der Verhandlung;
2. die Bezeichnung der Beteiligten und der bei der Verhandlung mitwirkenden Personen;
3. die Erklärung der Beteiligten.

Wird in der Erklärung auf eine Schrift Bezug genommen und diese dem Protokoll als Anlage beigefügt, so bildet sie einen Teil des Protokolls.

Das Protokoll soll eine Angabe darüber enthalten, ob der Richter oder der Notar die Beteiligte kennt oder, sofern dies nicht der Fall ist, in welcher Weise er sich Gewißheit über ihre Persönlichkeit verschafft hat. Kann er sich diese Gewißheit nicht verschaffen, wird aber gleichwohl die Aufnahme der Verhandlung verlangt, so sollen der Sachverhalt und dasjenige, was zur Feststellung der Persönlichkeit beigebracht ist, in das Protokoll aufgenommen werden.

§ 177. Das Protokoll muß vorgelesen, von den Beteiligten genehmigt und von ihnen eigenhändig unterschrieben werden. Im Protokolle muß festgestellt werden, daß dies geschehen ist. Das Protokoll soll den Beteiligten auf Verlangen auch zur Durchsicht vorgelegt werden.

Erklärt ein Beteiligter, daß er nicht schreiben könne, so muß diese Erklärung im Protokolle festgestellt werden. Bei der Vorlesung und der Genehmigung muß der Richter oder der Notar einen Zeugen zuziehen. In den Fällen des § 169 bedarf es dieser Zuziehung nicht; das gleiche gilt, wenn in anderen Fällen ein Urkundsbeamter der Geschäftsstelle oder ein zweiter Notar zugezogen wird.

Das Protokoll muß von den mitwirkenden Personen unterschrieben werden.

§ 178. Ist nach der Überzeugung des Richters oder des Notars ein Beteiligter stumm oder sonst am Sprechen verhindert und eine schriftliche Verständigung mit ihm nicht möglich, so muß bei der Beurkundung ein vereideter Dolmetscher zugezogen werden.

Im Protokolle muß festgestellt werden, daß der Richter oder der Notar die Überzeugung gewonnen hat, daß der Beteiligte am Sprechen verhindert und eine schriftliche Verständigung mit ihm nicht möglich ist. Das Protokoll muß von dem Dolmetscher genehmigt und unterschrieben werden.

Der Zuziehung eines Zeugen, eines Urkundsbeamten der Geschäftsstelle oder eines zweiten Notars bedarf es in diesem Falle nicht.

§ 179. Erklärt ein Beteiligter, daß er der deutschen Sprache nicht mächtig sei, so muß bei der Beurkundung ein vereideter Dolmetscher zugezogen werden. Der Zuziehung des Dolmetschers bedarf es nicht, wenn der Richter oder der Notar der Sprache, in der sich der Beteiligte erklärt, mächtig ist; die Beeidigung des Dolmetschers ist nicht erforderlich, wenn der Beteiligte darauf verzichtet.

Das Protokoll muß dem der deutschen Sprache nicht mächtigen Beteiligten durch den Dolmetscher oder, wenn ein Dolmetscher nicht zugezogen worden ist, durch den Richter oder den Notar in der fremden Sprache vorgetragen werden und die Feststellung enthalten, daß dies geschehen ist.

Im Protokolle muß festgestellt werden, daß der Beteiligte der deutschen Sprache nicht mächtig ist. Der Dolmetscher muß das Protokoll unterschreiben.

Eine Beurkundung ist nicht aus dem Grunde unwirksam, weil den Vorschriften des Abs. 1 zuwider die Zuziehung eines Dolmetschers unterblieben ist.

§ 180. Auf den Dolmetscher finden die nach den §§ 170 bis 173 für einen Zeugen geltenden Vorschriften entsprechende Anwendung.

§ 181. Bei der gerichtlichen oder notariellen Beurkundung von Versteigerungen gelten Bieter nicht als Beteiligte; ausgenommen sind solche Bieter, die an ihr Gebot gebunden bleiben. Entfernt sich ein solcher Bieter vor dem Schlusse der Verhandlung, so genügt an Stelle seiner Unterschrift die Angabe des Grundes, aus welchem sie unterblieben ist.

§ 182. Die Ausfertigung der Protokolle über die gerichtliche Beurkundung eines Rechtsgeschäfts ist von dem Urkundsbeamten der Geschäftsstelle zu unterschreiben und mit dem Gerichtssiegel zu versehen.

Auf Antrag können die Protokolle auch auszugsweise ausgefertigt werden.

§ 183. Die gerichtliche oder notarielle Beglaubigung einer Unterschrift darf nur erfolgen, wenn die Unterschrift in Gegenwart des Richters oder des Notars vollzogen oder anerkannt wird.

Die Beglaubigung geschieht durch einen unter die Unterschrift zu setzenden Vermerk. Der Vermerk muß die Bezeichnung desjenigen, welcher die Unterschrift vollzogen oder anerkannt hat, enthalten und den Ort und den Tag der Ausstellung angeben sowie mit Unterschrift und Siegel oder Stempel versehen sein.

Diese Vorschriften finden auf die gerichtliche oder notarielle Beglaubigung eines Handzeichens entsprechende Anwendung.

§ 184. Für die nach § 167 den Amtsgerichten obliegenden Verrichtungen sind in Ansehung solcher Personen, die zur Besatzung eines in Dienst gestellten Schiffes der Kaiserlichen Marine gehören oder die in anderer Eigenschaft an Bord eines solchen Schiffes sind, auch die Geschwaderauditeure zuständig, solange das Schiff sich außerhalb eines inländischen Hafens befindet. Den Schiffen stehen die sonstigen Fahrzeuge der Kaiserlichen Marine gleich.

Die Ausfertigung der Protokolle über die Beurkundung eines Rechtsgeschäfts ist von dem Auditeur zu unterschreiben und mit dem Gerichtssiegel zu versehen.

Die Vorschriften des Art. 44 des Einführungsgesetzes zum Bürgerlichen Gesetzbuche bleiben unberührt.

Elfter Abschnitt.

Schlußbestimmungen.

§ 185. Dieses Gesetz tritt gleichzeitig mit dem Bürgerlichen Gesetzbuch in Kraft.

Die Art. 2 bis 5, 32 des Einführungsgesetzes zum Bürgerlichen Gesetzbuche finden entsprechende Anwendung.

§ 186. Die Vorschriften der §§ 11, 66 des Gesetzes über die Beurkundung des Personenstandes und die Eheschließung vom 6. Februar 1875 (RGBl. S. 23) werden insoweit aufgehoben, als sie der Landesgesetzgebung die Befugnis gewähren, das gerichtliche Verfahren abweichend zu regeln.

§ 187. Der § 150 des Gesetzes, betreffend die Erwerbs- und Wirtschaftsgenossenschaften, vom 1. Mai 1889 (RGBl. S. 55) wird aufgehoben.

§ 188. Der § 11 Abs. 2 des Gesetzes, betreffend das Reichsschuldbuch, vom 31. Mai 1891 (RGBl. S. 321) wird dahin geändert:

> Zur Ausstellung dieser Bescheinigungen ist das Nachlaßgericht und, falls der Erblasser zur Zeit des Erbfalls im Inlande weder Wohnsitz noch Aufenthalt hatte, auch derjenige Konsul des Reichs zuständig, in dessen Amtsbezirke der Erblasser zur Zeit des Erbfalls seinen Wohnsitz oder seinen gewöhnlichen Aufenthalt hatte,

sofern dem Konsul von dem Reichskanzler die Ermächtigung zur Ausstellnng solcher Bescheinigungen erteilt ist.

§ 189. Soweit im Einführungsgesetze zum Bürgerlichen Gesetzbuche zugunsten der Landesgesetze Vorbehalte gemacht sind, gelten sie auch für die Vorschriften der Landesgesetze über diejenigen Angelegenheiten der freiwilligen Gerichtsbarkeit, welche Gegenstand dieses Gesetzes sind; den Landesgesetzen stehen nach Maßgabe der Art. 57, 58 des Einführungsgesetzes zum Bürgerlichen Gesetzbuche die Hausverfassungen gleich.

§ 190. Unberührt bleiben die landesgesetzlichen Vorschriften, welche für den Fall, daß nach Art. 147 des Einführungsgesetzes zum Bürgerlichen Gesetzbuche die dem Vormundschaftsgericht obliegenden Verrichtungen durch Landesgesetz anderen Behörden als den Amtsgerichten übertragen sind, über den Vorsitz im Familienrate Bestimmung treffen.

§ 191. Unberührt bleiben die landesgesetzlichen Vorschriften, nach welchen für die Aufnahme der nach dem § 1718 und dem § 1720 Abs. 2 des Bürgerlichen Gesetzbuchs erforderlichen öffentlichen Urkunden sowie für die öffentliche Beglaubigung einer Unterschrift außer den Amtsgerichten und Notaren auch andere Behörden oder Beamte zuständig sind.

Durch Landesgesetz kann die Zuständigkeit der Amtsgerichte für die öffentliche Beglaubigung einer Unterschrift oder eines Handzeichens ausgeschlossen werden.

§ 192. Unberührt bleiben die landesgesetzlichen Vorschriften, nach welchen, wenn die Auseinandersetzung in Ansehung eines Nachlasses nicht binnen einer bestimmten Frist bewirkt ist, das Nachlaßgericht die Auseinandersetzung von Amts wegen zu vermitteln hat; auf die Auseinandersetzung finden die Vorschriften der §§ 88 bis 98 Anwendung.

§ 193. Unberührt bleiben die landesgesetzlichen Vorschriften, nach welchen für die gemäß § 99 den Amtsgerichten obliegenden Verrichtungen andere als gerichtliche Behörden zuständig sind, sowie die landesgesetzlichen Vorschriften, nach welchen in den Fällen der §§ 86, 99 an Stelle der Gerichte oder neben diesen die Notare die Auseinandersetzung zu vermitteln haben.

§ 194. Sind für die im § 1 bezeichneten Angelegenheiten nach Landesgesetz andere als gerichtliche Behörden zuständig, so gelten die in dem ersten Abschnitte für die Gerichte gegebenen Vorschriften auch für die anderen Behörden.

Als gemeinschaftliches oberes Gericht im Sinne der §§ 5, 46 gilt dasjenige Gericht, welches das gemeinschaftliche obere Gericht für die Amtsgerichte ist, in deren Bezirke die Behörden ihren Sitz haben. Durch Landesgesetz kann jedoch bestimmt werden, daß, wenn die Behörden in dem Bezirke desselben Amtsgericht ihren Sitz haben, dieses als gemeinschaftliches oberes Gericht zuständig ist.

Die Vorschriften des § 8 über die Sitzungspolizei und über die Beratung und Abstimmung sowie die Vorschriften der §§ 6, 10, 11, des § 16 Abs. 2 und des § 31 finden keine Anwendung.

Durch die Vorschrift des Abs. 1 wird die Verpflichtung der gerichtlichen Behörden, gemäß § 2 Rechtshilfe zu leisten, nicht berührt.

§ 195. Durch die Gesetzgebung eines Landes, in dem für die dem Vormundschaftsgericht oder dem Nachlaßgericht obliegenden Verrichtungen andere Behörden als die Amtsgerichte zuständig sind, kann bestimmt werden, daß die Abänderung einer Entscheidung einer solchen Behörde bei dem Amtsgerichte nachzusuchen ist, in dessen Bezirke die Behörde ihren Sitz hat. In diesem Falle finden auf das Verfahren die Vorschriften der §§ 20 bis 25 entsprechende Anwendung.

Die Beschwerde findet gegen die Entscheidung des Amtsgerichts statt.

§ 196. Ist für die Volljährigkeitserklärung nach Landesgesetz die Zentralstelle des Landes zuständig, so finden die in dem ersten Abschnitte für die Gerichte gegebenen Vorschriften keine Anwendung.

Die Verfügung, durch welche der Minderjährige für volljährig erklärt wird, tritt mit der Bekanntmachung an den Minderjährigen in Wirksamkeit.

§ 197. Durch die Landesjustizverwaltung kann angeordnet werden, daß die im § 14 des Gesetzes über die Beurkundung des Personenstandes und die Eheschließung vom 6. Februar 1875 vorgesehene Aufbewahrung des Nebenregisters bei den Landgerichten erfolgen soll.

§ 198. Unberührt bleiben die landesgesetzlichen Vorschriften, nach welchen bei der Beurkundung einer Erklärung in den Fällen des § 169 der Richter an Stelle des Urkundsbeamten der Geschäftsstelle oder der zwei Zeugen eine besonders dazu bestellte Urkundsperson zuziehen kann.

Auf die Urkundsperson finden die Vorschriften der §§ 170 bis 172 Anwendung.

§ 199. Durch die Gesetzgebung eines Landes, in dem mehrere Oberlandesgerichte errichtet sind, kann die Entscheidung über das Rechtsmittel der weiteren Beschwerde einem der mehreren Oberlandesgerichte oder an Stelle eines solchen Oberlandesgerichts dem obersten Landesgerichte zugewiesen werden.

Das Gericht, dem nach Abs. 1 die Entscheidung zugewiesen wird, tritt zugleich für die Beschwerde gegen eine Verfügung des Landgerichts an die Stelle des nach § 64 und § 143 Abs. 2 zuständigen Oberlandesgerichts. Auch gilt es im Sinne der §§ 5, 46 als gemeinschaftliches oberes Gericht für alle Gerichte des Landes.

§ 200. Durch Landesgesetz können Vorschriften zur Ergänzung und Ausführung dieses Gesetzes, mit Einschluß der erforderlichen Übergangsvorschriften, auch insoweit erlassen werden, als dieses Gesetz Vorbehalte für die Landesgesetzgebung nicht enthält.

Soweit durch Landesgesetz allgemeine Vorschriften über die Errichtung gerichtlicher oder notarieller Urkunden erlassen werden, ist ein Verstoß gegen eine solche Vorschrift, unbeschadet der Vorschriften über die Folgen des Mangels der sachlichen Zuständigkeit, ohne Einfluß auf die Gültigkeit der Beurkundung.

Anhang
zum Reichsgesetz über die freiwillige Gerichtsbarkeit.

---

1. Gesetz zur Entlastung der Gerichte vom 11. März 1921.

(RGBl. S. 229.)

. . .

§ 2. Auf dem Gebiete der freiwilligen Gerichtsbarkeit werden die Landesjustizverwaltungen ferner ermächtigt, Urkundsbeamten der Geschäftsstelle mit der selbständigen Erledigung von Geschäften zu beauftragen, die nach reichsrechtlichen Vorschriften durch den Richter wahrzunehmen sind.

Es sollen einem Urkundsbeamten der Geschäftsstelle nur solche Geschäfte übertragen werden, die einfacherer Art sind und zu deren Erledigung er mit Rücksicht auf seine Berufsbildung und die durch seine praktische Betätigung gewonnenen Erfahrungen geeignet ist. Die Beurkundung einer Verfügung von Todes wegen oder eines Ehevertrags sowie die Verhängung von Ordnungsstrafen können einem Urkundsbeamten der Geschäftsstelle nicht übertragen werden.

. . .

2. Vormundschaftsabkommen zwischen dem Deutschen Reiche und der Republik Österreich vom 5. Februar 1927.

In Kraft gesetzt durch Gesetz vom 16. Juli 1927.
(RGBl. II S. 511.)

Art. 1. (1) Ein Minderjähriger, der dem einen Staate angehört (Heimatstaat), sich aber gewöhnlich in dem anderen Staate aufhält (Aufenthaltsstaat), wird von den Behörden des Aufenthaltsstaates bevormundet.

(2) Die Behörden des Heimatstaates können jederzeit die Aufhebung der Vormundschaft verlangen. Von der Aufhebung ist der ersuchenden Behörde Mitteilung zu machen.

Art. 2. (1) Verlegt ein Minderjähriger, der in seinem Heimatstaate bevormundet wird, seinen gewöhnlichen Aufenthalt in den andern Staat, so ist er dort zu bevormunden, wenn die Vormundschaftsbehörde des Heimatstaates es verlangt.

(2) Von dem Eintritte der neuen Vormundschaft ist der bisherigen Vormundschaftsbehörde Mitteilung zu machen.

Art. 3. (1) Die Vormundschaft erstreckt sich auf die Person und das gesamte Vermögen des Minderjährigen, gleichviel wo es sich befindet.

(2) Dies gilt nicht für Grundstücke, die nach dem Rechte des Staates, in dem sie liegen, einer besonderen Güterordnung unterworfen sind.

Art. 4. (1) In den Fällen der Art. 1 und 2 ist das Recht des Heimatstaates dafür maßgebend, wann und aus welchem Grunde eine Vormundschaft beginnt oder endet.

(2) In allen übrigen Beziehungen gilt das Recht des Staates, dessen Behörde die Vormundschaft führt;

dabei kommen jedoch die Vorschriften des Aufenthaltsstaates, nach denen eine Vormundschaft ohne Anordnung der Vormundschaftsbehörde eintritt, für Angehörige des andern Staates nur in Betracht, soweit der Aufenthaltsstaat dies bestimmt.

Art. 5. (1) Solange eine Vormundschaft noch nicht besteht, sowie in allen dringenden Fällen haben die Ortsbehörden nach den für sie geltenden Vorschriften die Maßnahmen zu treffen, die zum Schutze der Person und des Vermögens eines minderjährigen Angehörigen des andern Staates erforderlich sind.

(2) Von jeder Maßnahme ist der zur Führung der Vormundschaft zuständigen Behörde Mitteilung zu machen. Auf Verlangen dieser Behörde ist die Maßnahme aufzuheben.

Art. 6. Die Bestimmungen des Vertrags über Rechtsschutz und Rechtshilfe sind auf den gegenseitigen Verkehr der Vormundschaftsbehörden auch dann anzuwenden, wenn für die den Vormundschaftsgerichten obliegenden Verrichtungen andere als gerichtliche Behörden zuständig sind.

Art. 7. (1) In den Fällen der Art. 1 und 2 sind der Behörde, die eine neue Vormundschaft führt, auf ihr Verlangen die Akten oder Teile davon zu überlassen; an Stelle der Urschriften können Abschriften mitgeteilt werden.

(2) Diese Bestimmungen gelten entsprechend für die im Artikel 5 bezeichneten Fälle.

Art. 8. Die Regierungen der beiden Staaten können zur Durchführung und Ergänzung dieses Abkommens Vereinbarungen über die weitere Regelung der Fürsorge für Minderjährige treffen.

Art. 9. Die Bestimmungen des Haager Abkommens zur Regelung der Vormundschaft über

Minderjährige vom 12. Juni 1902 finden im Verhältnisse zwischen den beiden Staaten keine Anwendung.

Art. 10. (1) Dieses Abkommen soll ratifiziert werden; die Ratifikationsurkunden sollen so bald wie möglich in Berlin ausgetauscht werden.

(2) Das Abkommen tritt zwei Monate nach dem Austausch der Ratifikationsurkunden in Kraft. Es kann von jedem der beiden Staaten gekündigt werden, bleibt jedoch nach der Kündigung noch sechs Monate in Geltung.

---

3. Deutsch-polnisches Vormundschaftsabkommen vom 5. März 1924.

In Kraft seit 1. Juni 1926 (vgl. Bekanntmachung über die Ratifikation und Ausführung der deutsch-polnischen Rechtsverträge vom 28. April 1926).

(RGBl. II S. 145.)

Art. 1. Für die Vormundschaft über einen Minderjährigen sind die Behörden des Staates zuständig, dem er angehört (Heimatstaat).

Art. 2. (1) Hat der Minderjährige seinen gewöhnlichen Aufenthaltsort in dem anderen Staate, so kann die Vormundschaft von den Behörden des Aufenthaltsortes angeordnet werden, wenn es im dringenden Interesse des Minderjährigen geboten ist.

(2) Von der Anordnung ist den Behörden des Heimatstaates Mitteilung zu machen.

Art. 3. Ist die Vormundschaft gemäß Art. 2 angeordnet, so kann von den Behörden des Heimatstaates ihre Aufhebung verlangt und eine neue Vormundschaft auf Grund des Art. 1 angeordnet werden.

Art. 4. Liegt Anlaß vor, für einen minderjährigen

Angehörigen des anderen Staates die Vormundschaft anzuordnen, und beabsichtigen die Behörden des Aufenthaltsstaates nicht, diese Anordnung gemäß Art. 2 zu treffen, so haben sie von dem Sachverhalt, sobald dieser ihnen bekannt wird, die Behörden des Heimatstaates zu benachrichtigen.

Art. 5. (1) Die vormundschaftliche Verwaltung erstreckt sich auf die Person sowie auf das gesamte Vermögen des Minderjährigen, gleichviel an welchem Orte sich die Vermögensgegenstände befinden.

(2) Von dieser Regel sind solche Grundstücke ausgenommen, welche nach dem Gesetze der belegenen Sache einer besonderen Güterordnung unterliegen.

Art. 6. (1) Solange die Vormundschaft nicht angeordnet ist sowie in allen dringenden Fällen können die zuständigen Ortsbehörden die Maßregeln treffen, die zum Schutze der Person und der Interessen eines minderjährigen Angehörigen des anderen Staates erforderlich sind.

(2) Von der Anordnung ist der zuständigen Behörde des Heimatstaates Mitteilung zu machen. Auf Erfordern der Behörden des Heimatstaates sind solche Maßregeln aufzuheben.

Art. 7. Die zuständige Heimatbehörde kann, wenn dies im Interesse des Minderjährigen liegt, die Vormundschaft auf die Behörde des anderen Staates mit deren Einverständnis gemäß den dafür geltenden Bestimmungen übertragen.

Art. 8. In den Fällen der Art. 2 und 7 ist das Recht des Heimatstaates dafür maßgebend, wann und aus welchen Gründen eine Vormundschaft beginnt oder endigt. In allen übrigen Beziehungen finden die Gesetze des Staates Anwendung, von dessen Behörden die Vormundschaft geführt wird.

Art. 9. Dieses Abkommen gilt nur für die Vormundschaft über Minderjährige, die Angehörige eines Vertragsstaates sind.

Art. 10. Auf die Mitteilungen, die nach diesem Vertrage von den Behörden des einen Staates den Behörden des anderen Staates zu machen sind, finden die Bestimmungen des deutsch-polnischen Vertrags über den Rechtsverkehr Anwendung.

Art. 11. In allen Fällen, in denen das gegenwärtige Abkommen auf das Heimatgesetz verweist, gilt in Polen die Gesetzgebung des Gebietes, welche nach polnischem Recht auf die betreffende Person Anwendung zu finden hat.

Art. 12. (1) Dieses Abkommen soll ratifiziert und die Ratifikationsurkunden sollen so bald wie möglich in Berlin ausgetauscht werden.

(2) Das Abkommen tritt zwei Monate nach dem Austausch der Ratifikationsurkunden in Kraft. Es kann von jedem der beiden Staaten gekündigt werden, bleibt jedoch nach der Kündigung noch sechs Monate in Geltung.

---

4. Abkommen zur Regelung der Vormundschaft über Minderjährige.

Vom 12. Juni 1902 (RGBl. 1904 S. 240).*)

Seine Majestät der Deutsche Kaiser, König von Preußen, im Namen des Deutschen Reichs, Seine Majestät der Kaiser von Österreich, König von Böhmen

*) Wieder in Kraft getreten durch Art. 282 des Versailler Vertrages unter den an diesem beteiligten Staaten. Im Verhältnis zu Ungarn aufrechterhalten gemäß dem Vertrag von

usw. und Apostolischer König von Ungarn, Seine Majestät der König der Belgier, Seine Majestät der König von Spanien, der Präsident der Französischen Republik, Seine Majestät der König von Italien, Seine Königliche Hoheit der Großherzog von Luxemburg, Herzog zu Nassau, Ihre Majestät die Königin der Niederlande, Seine Majestät der König von Portugal und Algarvien usw., Seine Majestät der König von Rumänien, Seine Majestät der König von Schweden und Norwegen, im Namen Schwedens, und der Schweizerische Bundesrat:

von dem Wunsche geleitet, gemeinsame Bestimmungen zur Regelung der Vormundschaft über Minderjährige zu treffen,

sind übereingekommen, zu diesem Zwecke ein Abkommen zu schließen, und haben zu Ihren Bevollmächtigten ernannt:

(Folgen die Namen.)

welche, nachdem sie sich ihre Vollmachten mitgeteilt und sie in guter und gehöriger Form befunden haben, über folgende Bestimmungen übereingekommen sind:

Art. 1. Die Vormundschaft über einen Minderjährigen bestimmt sich nach dem Gesetze des Staates, dem er angehört (Gesetz des Heimatstaats).

Art. 2. Sieht das Gesetz des Heimatstaats für den Fall, daß der Minderjährige seinen gewöhnlichen Aufenthalt im Auslande hat, die Anordnung einer Vormundschaft im Heimatlande nicht vor, so kann der von dem Heimatstaate des Minderjährigen er-

Trianon durch Bekanntmachung vom 16. Dezember 1924. Auch Polen und Danzig sind gemäß Bekanntmachung vom 13. September 1929 beigetreten.

mächtigte diplomatische oder konsularische Vertreter gemäß dem Gesetze dieses Staates die Fürsorge übernehmen, sofern der Staat, in dessen Gebiete der Minderjährige seinen gewöhnlichen Aufenthalt hat, dem nicht widerspricht.

Art. 3. Falls eine Vormundschaft gemäß den Bestimmungen des Art. 1 oder des Art. 2 nicht angeordnet ist oder nicht angeordnet werden kann, so ist für die Anordnung und die Führung der Vormundschaft über einen Minderjährigen, der seinen gewöhnlichen Aufenthalt im Auslande hat, das Gesetz des Aufenthaltsorts maßgebend.

Art. 4. Ist die Vormundschaft gemäß der Bestimmung des Art. 3 angeordnet, so kann gleichwohl eine neue Vormundschaft auf Grund des Art. 1 oder des Art. 2 angeordnet werden.

Hiervon ist der Regierung des Staates, in welchem die Vormundschaft zuerst angeordnet wurde, so bald wie möglich Nachricht zu geben. Diese Regierung hat davon entweder die Behörde, welche die Vormundschaft angeordnet hat, oder in Ermangelung einer solchen Behörde den Vormund selbst zu benachrichtigen.

In dem Falle, den dieser Artikel vorsieht, bestimmt sich der Zeitpunkt, in welchem die ältere Vormundschaft endigt, nach der Gesetzgebung des Staates, in dessen Gebiete diese Vormundschaft angeordnet war.

Art. 5. In allen Fällen bestimmen sich der Zeitpunkt und die Gründe für den Beginn sowie für die Beendigung der Vormundschaft nach dem Gesetze des Heimatstaats des Minderjährigen.

Art. 6. Die vormundschaftliche Verwaltung erstreckt sich auf die Person sowie auf das gesamte Vermögen des Minderjährigen, gleichviel an welchem Orte sich die Vermögensgegenstände befinden.

Von dieser Regel sind Ausnahmen zulässig in Ansehung solcher Grundstücke, welche nach dem Gesetze der belegenen Sache einer besonderen Güterordnung unterliegen.

Art. 7. Solange die Vormundschaft nicht angeordnet ist, sowie in allen dringenden Fällen können die zuständigen Ortsbehörden die Maßregeln treffen, die zum Schutze der Person und der Interessen eines minderjährigen Ausländers erforderlich sind.

Art. 8.*) Liegt Anlaß vor, für einen minderjährigen Ausländer die Vormundschaft anzuordnen, so haben die Behörden des Staates, in dessen Gebiet er sich befindet, von dem Sachverhalte, sobald dieser ihnen bekannt wird, die Behörden des Staates zu benachrichtigen, dem der Minderjährige angehört.

Die in solcher Art benachrichtigten Behörden sollen den Behörden, die ihnen die Mitteilung gemacht haben, so bald wie möglich Kenntnis geben, ob die Vormundschaft angeordnet ist oder angeordnet werden wird.

Art. 9. Dieses Abkommen findet nur Anwendung auf die Vormundschaft über Minderjährige, die Angehörige eines der Vertragsstaaten sind und ihren gewöhnlichen Aufenthalt im Gebiet eines dieser Staaten haben.

Die Art. 7 und 8 dieses Abkommens finden jedoch auf alle Minderjährige Anwendung, die Angehörige eines Vertragsstaats sind.

---

*) Unmittelbarer Geschäftsverkehr besteht gemäß dem Abkommen vom 6. Juli 1914 (RGBl. 1914 S. 251) mit der Schweiz. (Vgl. auch Allg. Verordn. vom 30. Juli 1914 [JMBl. S. 670].

Art. 10. Dieses Abkommen, das nur auf die europäischen Gebiete der Vertragsstaaten Anwendung findet, soll ratifiziert und die Ratifikationsurkunden sollen im Haag hinterlegt werden, sobald die Mehrzahl der Hohen vertragschließenden Teile hierzu in der Lage ist.

Über die Hinterlegung soll ein Protokoll aufgenommen werden; von diesem soll eine beglaubigte Abschrift auf diplomatischem Wege einem jeden der Vertragsstaaten mitgeteilt werden.

Art. 11. Denjenigen Staaten, welche auf der dritten Konferenz über internationales Privatrecht vertreten waren, dieses Abkommen aber nicht gezeichnet haben, soll der vorbehaltlose Beitritt zu dem Abkommen freistehen.

Der Staat, welcher beizutreten wünscht, hat spätestens am 31. Dezember 1904 seine Absicht in einer Urkunde anzuzeigen, die im Archive der Regierung der Niederlande hinterlegt wird. Diese wird eine beglaubigte Abschrift davon auf diplomatischem Wege einem jeden der Vertragsstaaten übersenden.

Art. 12. Dieses Abkommen tritt am sechzigsten Tage nach der Hinterlegung der Ratifikationsurkunden oder nach dem Zeitpunkte der Anzeige von einem Beitritt in Kraft.

Art. 13. Dieses Abkommen gilt für die Dauer von fünf Jahren, gerechnet von dem Zeitpunkte der Hinterlegung der Ratifikationsurkunden.

Mit diesem Zeitpunkte beginnt der Lauf der Frist auch für diejenigen Staaten, welche die Hinterlegung erst nach diesem Zeitpunkte bewirken oder erst später beitreten.

In Ermangelung einer Kündigung gilt das Abkommen als stillschweigend von fünf zu fünf Jahren erneuert.

Die Kündigung muß wenigstens sechs Monate vor dem Ablaufe des Zeitraums, der in den vorstehenden Absätzen bezeichnet ist, der Regierung der Niederlande zugestellt werden, die hiervon allen anderen Vertragsstaaten Kenntnis geben wird.

Die Kündigung soll nur in Ansehung des Staates wirksam sein, der sie erklärt hat. Für die übrigen Staaten bleibt das Abkommen in Kraft.

Zu Urkund dessen haben die Bevollmächtigten dieses Abkommen unterzeichnet und mit ihren Siegeln versehen.

Geschehen im Haag am zwölften Juni neunzehnhundertundzwei in einem einzigen Exemplare, das im Archive der Regierung der Niederlande hinterlegt wird, und wovon eine beglaubigte Abschrift auf diplomatischem Wege einem jeden der Staaten übergeben werden soll, welche auf der dritten Konferenz über internationales Privatrecht vertreten waren.

(Folgen die Unterschriften.)

II.

a) Preußisches Gesetz über die freiwillige Gerichtsbarkeit.

Vom 21. September 1899 (GS. S. 249).

Erster Abschnitt.

Allgemeine Vorschriften.

Art. 1. Die §§ 3, 4, 6, 7, 14, der § 16 Abs. 2, 3 sowie die §§ 31 bis 33 des Reichsgesetzes über die Angelegenheiten der freiwilligen Gerichtsbarkeit vom 17. Mai 1898 finden, unbeschadet der Vorschriften des Grundbuchrechts über die Ausschließung und Ablehnung der Gerichtspersonen in der Beschwerdeinstanz, Anwendung auf diejenigen Angelegenheiten der freiwilligen Gerichtsbarkeit, welche durch Landesgesetz den ordentlichen Gerichten übertragen sind. Das gleiche gilt von den Vorschriften der §§ 8, 9 über die Gerichtssprache und die Dolmetscher und, soweit nicht entgegenstehende Vorschriften gegeben sind, von den Vorschriften der §§ 13, 15, des § 16 Abs. 1 und der §§ 17, 34.

Art. 2. Wirkt in einer Angelegenheit der freiwilligen Gerichtsbarkeit, die nicht in der Beurkundung eines Rechtsgeschäfts besteht, ein Urkundsbeamter der Geschäftsstelle mit, so finden auf ihn die Vorschriften der §§ 6, 7 des Reichsgesetzes über die Angelegenheiten der freiwilligen Gerichtsbarkeit entsprechende Anwendung.

Die Zuziehung eines Urkundsbeamten der Geschäftsstelle kann in den Fällen, in welchen das Gesetz sie nicht vorschreibt, erfolgen, wenn sie zur sachgemäßen Erledigung des Geschäfts zweckmäßig ist.

Art. 3. Für die Anfechtung gerichtlicher Verfügungen in denjenigen Angelegenheiten der freiwilligen Gerichtsbarkeit, welche durch Landesgesetz den Gerichten übertragen sind, gelten die Vorschriften der Art. 4 bis 7. Die Vorschriften des Grundbuchrechts und des Gesetzes, betreffend das Pfandrecht an Privateisenbahnen und Kleinbahnen usw., vom 19. August 1895 (GS. S. 499) bleiben unberührt.

Art. 4. Die gerichtlichen Verfügungen erster Instanz können im Wege der Beschwerde angefochten werden. Die Beschwerde findet nicht statt, soweit sie durch besondere gesetzliche Vorschrift ausgeschlossen ist. Rechte Dritter, die auf Grund der angefochtenen Verfügung erworben sind, werden durch die Abänderung der Verfügung nicht beeinträchtigt.

Art. 5. Soweit nach besonderen gesetzlichen Vorschriften die Einlegung des Rechtsmittels gegen die Entscheidung erster Instanz an eine Frist gebunden ist, findet die sofortige Beschwerde statt.

Art. 6. Die Vorschriften der §§ 20 bis 27, 29 des Reichsgesetzes über die Angelegenheiten der freiwilligen Gerichtsbarkeit finden entsprechende Anwendung.

Über die Beschwerde gegen eine Verfügung, die das Amtsgericht erlassen hat, entscheidet das Landgericht, über die Beschwerde gegen eine Verfügung, die das Landgericht in erster Instanz erlassen hat, entscheidet das Oberlandesgericht, über die Beschwerde gegen eine Verfügung, die das Oberlandesgericht in erster Instanz erlassen hat, der Justizminister.

Die Entscheidungen über Beschwerden erfolgen bei den Landgerichten durch eine Zivilkammer, bei den Oberlandesgerichten durch einen Zivilsenat.

Eine weitere Beschwerde findet nur statt, wenn das Amtsgericht die erste Instanz bildet.

Art. 7. Für die Entscheidung über das Rechtsmittel der weiteren Beschwerde ist das Kammergericht zuständig. Hängt die Entscheidung nach der Auffassung des Kammergerichts von der Auslegung eines in seinem Bezirke nicht geltenden Gesetzes ab, so kann es die weitere Beschwerde demjenigen Oberlandesgerichte zur Entscheidung überweisen, zu dessen Bezirke das Landgericht gehört, welches die angefochtene Entscheidung erlassen hat. Der Überweisungsbeschluß ist dem Beschwerdeführer bekanntzumachen.

Art. 8. Die Vorschriften des Art. 7 gelten, unbeschadet der Zuständigkeit des Reichsgerichts, auch für Grundbuchsachen sowie für diejenigen Angelegenheiten der freiwilligen Gerichtsbarkeit, welche durch Reichsgesetz den Gerichten übertragen sind.

Art. 9. Sind an einer Angelegenheit der freiwilligen Gerichtsbarkeit mehrere Personen beteiligt, so kann das Gericht bei der von ihm zu treffenden Entscheidung auf Antrag einen Beteiligten verurteilen, diejenigen Kosten des Verfahrens ganz oder teilweise zu tragen, welche er durch ein unbegründetes Gesuch, einen unbegründeten Widerspruch oder eine unbegründete Beschwerde, durch vorzeitiges Anrufen des Gerichts, durch eine Versäumung oder durch grobes Verschulden veranlaßt hat.

Zu den nach Abs. 1 zu erstattenden Kosten des Verfahrens gehören die Gebühren und Auslagen, welche durch die Zuziehung eines Rechtsanwalts entstanden sind, nur insoweit, als die Zuziehung nach dem Ermessen des Gerichts zur zweckentsprechenden Rechtsverfolgung oder Rechtsverteidigung notwendig war.

Art. 10. Wird eine gerichtliche Festsetzung des Betrags der Kosten erforderlich, zu deren Erstattung ein Beteiligter auf Grund der Art. 9, 16 verurteilt worden ist, so erfolgt sie durch das Gericht erster Instanz. Im Falle des § 1875 Abs. 1 des Bürgerlichen Gesetzbuchs erfolgt die Festsetzung durch den Vorsitzenden des Familienrats.

Zur Berücksichtigung eines Ansatzes genügt, daß er glaubhaft gemacht wird.

Art. 11. Findet gegen die Entscheidung in der Hauptsache die sofortige Beschwerde statt, so kann auch die Entscheidung über die Verpflichtung zur Tragung der Kosten sowie die Kostenfestsetzung nur mit der sofortigen Beschwerde angefochten werden.

Die Kostenfestsetzung kann selbständig mit der weiteren Beschwerde nur angefochten werden, wenn die Beschwerdesumme den Betrag von fünfzig Mark übersteigt.

Art. 12. Ergeht nach der Kostenfestsetzung eine Entscheidung, die den Wert des Gegenstandes des Verfahrens festsetzt, so ist, falls diese Entscheidung von der Wertberechnung abweicht, welche der Kostenfestsetzung zugrunde liegt, auf Antrag die Kostenfestsetzung entsprechend abzuändern. Über den Antrag entscheidet das Gericht erster Instanz.

Art. 13. Wird eine in betreff der Kosten ergangene Entscheidung abgeändert, so ist der Beteiligte auf Antrag zur Erstattung der ihm auf Grund der Entscheidung zuviel gezahlten Kosten zu verurteilen.

Art. 14. Aus der gerichtlichen Kostenfestsetzung sowie aus der Entscheidung, durch die ein Beteiligter zur Erstattung der ihm zuviel gezahlten Kosten verurteilt wird, findet die Zwangsvollstreckung nach den Vorschriften der Zivilprozeßordnung statt.

Art. 15. Ist jemandem durch eine Verfügung die Verpflichtung auferlegt, eine Handlung vorzunehmen, die ausschließlich von seinem Willen abhängt, oder eine Handlung zu unterlassen oder die Vornahme einer Handlung zu dulden, so kann ihn das Gericht, soweit sich nicht aus dem Gesetz ein anderes ergibt, zur Befolgung seiner Anordnung durch Ordnungsstrafen anhalten; die Ordnungsstrafen dürfen nur in Geld bestehen.

Art. 16. Bei der Festsetzung einer Ordnungsstrafe ist der Beteiligte zugleich in die Kosten des Verfahrens zu verurteilen.

Die zwangsweise Einziehung einer Ordnungsstrafe erfolgt im Wege des Verwaltungszwangsverfahrens.

Eine Ordnungsstrafe kann nicht in den Nachlaß des Verurteilten vollstreckt werden.

Art. 17. Soll eine Sache oder eine Person herausgegeben oder eine Sache vorgelegt werden oder ist eine Anordnung ohne Gewalt nicht durchzuführen, so kann auf Grund einer besonderen Verfügung des Gerichts auch Gewalt gebraucht werden; der Verfügung hat in der Regel eine Androhung vorauszugehen. Der Vollstreckungsbeamte ist befugt, erforderlichenfalls die Unterstützung der polizeilichen Vollzugsorgane nachzusuchen. Die Kosten fallen dem Verpflichteten zur Last. Die Vorschriften des § 752 und des § 790 Abs. 1 der Zivilprozeßordnung finden entsprechende Anwendung.

Wird die Sache oder die Person nicht vorgefunden, so kann der Verpflichtete von dem Gerichte zur Leistung des Offenbarungseids angehalten werden; die Vorschriften des § 883 Abs. 2, 3, des § 900 Abs. 1 und der §§ 901, 902, 904 bis 910, 912, 913 der Zivilprozeßordnung finden entsprechende Anwendung.

Art. 18. Die Ausfertigungen gerichtlicher Verfügungen sind von dem Urkundsbeamten der Geschäftsstelle zu unterschreiben und mit dem Gerichtssiegel zu versehen.

Zweiter Abschnitt.

Nachlaß- und Teilungssachen.

Art. 19. Erhalten die Ortspolizeibehörden von einem Todesfalle Kenntnis, bei welchem gerichtliche Maßregeln zur Sicherung des Nachlasses angezeigt erscheinen können, so sollen sie dem Amtsgericht, in dessen Bezirke der Todesfall eingetreten ist, Mitteilung machen. Der Justizminister und der Minister des Innern können diese Verpflichtung auf die Gemeindebehörden übertragen.

Art. 20. Nach dem Tode eines Beamten hat, unbeschadet der Zuständigkeit des Nachlaßgerichts, die Behörde, welcher der Verstorbene angehörte, oder die Aufsichtsbehörde für die Sicherung der amtlichen Akten und der sonstigen Sachen, deren Herausgabe auf Grund des Dienstverhältnisses verlangt werden kann, zu sorgen, soweit hierfür ein Bedürfnis besteht.

Werden bei der Ausführung einer Maßregel, die das Gericht zur Sicherung eines Nachlasses angeordnet hat, Sachen der im Abs. 1 bezeichneten Art vorgefunden, so hat das Gericht die Behörde, welcher der Verstorbene angehörte, oder die Aufsichtsbehörde hiervon zu benachrichtigen und ihr zugleich von den Sicherungsmaßregeln, die in Ansehung dieser Sachen vorgenommen worden sind, Mitteilung zu machen. Der Behörde liegt es ob, das Weitere zu veranlassen.

Art. 21. Wird auf Grund der §§ 86, 99 des Reichsgesetzes über die Angelegenheiten der freiwilligen Gerichtsbarkeit die Vermittelung der Auseinandersetzung nachgesucht, so kann das Amtsgericht auf Antrag eines Beteiligten die Vermittelung der Auseinandersetzung einem Notar überweisen, der seinen Amtssitz in dem Bezirke des vorgeordneten Landgerichts hat.

Wird der Antrag vor dem ersten Verhandlungstermine von allen Beteiligten oder in diesem Termine von allen erschienenen Beteiligten gestellt, so hat ihm das Gericht stattzugeben. Einigen sich vor dem Termin alle Beteiligten oder in dem Termin alle erschienenen Beteiligten über einen bestimmten Notar, so hat das Gericht die Vermittelung der Auseinandersetzung diesem Notar zu überweisen, es sei denn, daß er an der Vermittelung rechtlich oder tatsächlich verhindert ist.

Gegen den Beschluß, durch welchen über die Überweisung entschieden wird, steht den Beteiligten die sofortige Beschwerde zu.

Ist der Überweisungsbeschluß rechtskräftig geworden, so hat ihn das Gericht mit den Akten unter Angabe des Tages, an welchem die Rechtskraft eingetreten ist, dem Notar zu übersenden.

Art. 22. Ist der von dem Gericht ernannte Notar an der Vermittelung der Auseinandersetzung rechtlich oder tatsächlich verhindert, so finden auf die Überweisung an einen anderen Notar die Vorschriften des Art. 21 mit der Maßgabe entsprechende Anwendung, daß die Überweisung auch ohne Antrag erfolgen kann und daß als erster Verhandlungstermin der erste von dem Gerichte zur Fortsetzung der Verhandlung bestimmte Termin gilt.

Lehnt der Notar die Vermittelung der Auseinandersetzung ab, weil der ihm zustehende Vorschuß nicht gezahlt wird, so ist die Überweisung erledigt; die Überweisung an einen anderen Notar ist unzulässig.

Art. 23. Durch den Überweisungsbeschluß gehen auf den Notar die Verrichtungen über, die nach dem § 87 Abs. 2, den §§ 89 bis 91, dem § 93 Abs. 1, Abs. 2 Satz 1 sowie nach den §§ 94, 95 des Reichsgesetzes über die Angelegenheiten der freiwilligen Gerichtsbarkeit dem Amtsgerichte zustehen.

Die Bestätigung der Auseinandersetzung oder einer vorgängigen Vereinbarung erfolgt durch das Gericht. Die Vernehmung eines Zeugen oder eines Sachverständigen kann von dem Notar nur dann angeordnet werden, wenn die erschienenen Beteiligten über seine Vernehmung einverstanden sind. Auch ist nur das Gericht zuständig, über die Rechtmäßigkeit der Weigerung eines Zeugnisses oder der Abgabe eines Gutachtens und über die Entbindung von der Abgabe eines Gutachtens zu entscheiden; das gleiche gilt von der Verurteilung eines Zeugen oder eines Sachverständigen in Strafe oder Kosten, von der Anordnung der zwangsweisen Vorführung eines Zeugen sowie von der Aufhebung der gegen einen Zeugen oder Sachverständigen getroffenen Anordnungen.

Art. 24. Soweit nach Art. 23 an Stelle des Gerichts der Notar zuständig ist, tritt der Notar auch an die Stelle des Urkundsbeamten der Geschäftsstelle; an die Stelle der Geschäftsstelle treten die Geschäftsräume des Notars.

Art. 25. Der Antrag auf Wiedereinsetzung in den vorigen Stand kann bei dem Gericht oder dem Notar gestellt werden.

Art. 26. Auf die Bekanntmachung notarieller Verfügungen findet der § 16 Abs. 2 des Reichsgesetzes über die freiwillige Gerichtsbarkeit entsprechende Anwendung.

Soweit nach Abs. 1 die für die Zustellung von Amts wegen geltenden Vorschriften der Zivilprozeßordnung maßgebend sind, tritt an die Stelle des Urkundsbeamten der Geschäftsstelle der Notar, an die Stelle des Gerichtswachtmeisters der Gerichtsvollzieher. Der § 174 Abs. 1 der Zivilprozeßordnung bleibt außer Anwendung. Bei einer Zustellung durch Aufgabe zur Post hat sich der Notar, wenn er nicht selbst das zuzustellende Schriftstück der Post übergibt, der Vermittelung eines Gerichtsvollziehers zu bedienen. Die Bewilligung einer öffentlichen Zustellung kann nur durch das Gericht erfolgen; die Zustellung wird von dem Urkundsbeamten der Geschäftsstelle besorgt.

Art. 27. Ist das Verfahren vor dem Notar erledigt, so hat dieser die in dem Verfahren entstandenen Schriftstücke zu den Gerichtsakten abzugeben.

Art. 28. Die Kosten des Verfahrens vor dem Gericht und des Verfahrens vor dem Notar fallen der Masse zur Last. Die Gebühren und Auslagen eines Bevollmächtigten trägt der Machtgeber, die Kosten einer für das Auseinandersetzungsverfahren angeordneten Abwesenheitspflegschaft der abwesende Beteiligte, die durch eine Versäumung verursachten Kosten der Säumige.

Diese Vorschriften finden keine Anwendung, soweit in der Auseinandersetzungsurkunde ein anderes bestimmt ist.

Wer die Kosten der Beschwerdeinstanz zu tragen hat, bestimmt sich nach dem Inhalte der darüber ergangenen gerichtlichen Entscheidung.

Die Vorschriften der Art. 9 bis 14 finden keine Anwendung.

Dritter Abschnitt.

Vereins- und Güterrechtsregister. Schiffsregister und Handelssachen.

Art. 29. Die näheren Bestimmungen über die Einrichtung und die Führung des Vereins- und des Güterrechtsregisters sowie des Handels- und des Schiffsregisters werden vom Justizminister getroffen.

Die Eintragungen in das Schiffsregister sollen von dem Richter mit Angabe des Wortlauts verfügt, von dem Urkundsbeamten der Geschäftsstelle ausgeführt und von beiden unterschrieben werden.

Die beglaubigten Abschriften aus dem Schiffsregister sind von dem Richter und dem Urkundsbeamten der Geschäftsstelle zu unterschreiben.

Art. 30. Über die Verpflichtung zur Tragung der Kosten, die durch eine gerichtliche Verhandlung über die Bestätigung der Dispache entstehen, entscheidet das Gericht, vor dem die Verhandlung stattfindet; die Entscheidung erfolgt nur auf Antrag eines der an dem Verfahren Beteiligten.

Die Kosten sind, unbeschadet der Vorschrift des Art. 9, von den an dem Verfahren Beteiligten in dem Verhältnisse zu tragen, in welchem sie zu dem Havereischaden beizutragen haben. Die den einzelnen Beteiligten entstandenen Kosten können, wenn die Umstände es rechtfertigen, gegeneinander aufgehoben werden. Soweit die Beteiligten eine abweichende Vereinbarung treffen, ist diese maßgebend.

Die Vorschriften der Art. 10 bis 14 dieses Gesetzes und des § 158 Abs. 3 des Reichsgesetzes über die Angelegenheiten der freiwilligen Gerichtsbarkeit finden entsprechende Anwendung.

Vierter Abschnitt.

Gerichtliche und notarielle Urkunden.

Erster Titel. Zuständigkeit.

Art. 31. Für die Aufnahme von Urkunden der freiwilligen Gerichtsbarkeit sind die Amtsgerichte und die Notare zuständig. Die Zuständigkeit umfaßt die Befugnis zur öffentlichen Beurkundung von Rechtsgeschäften und von sonstigen Tatsachen. Sie erstreckt sich insbesondere auch auf die Vornahme freiwilliger Versteigerungen, auf die Mitwirkung bei Abmarkungen sowie auf die Aufnahme von Vermögensverzeichnissen.

Die Notare sind auch zuständig, Zustellungen vorzunehmen und zu beurkunden. Die Zustellungsurkunden der Notare sind stempelfrei.

Der Justizminister kann die Amtsgerichte anweisen, Versteigerungen nur unter bestimmten Voraussetzungen vorzunehmen.

Art. 32. Unberührt bleiben die Vorschriften, wonach die im Art. 31 bezeichneten Handlungen der freiwilligen Gerichtsbarkeit auch von anderen Behörden oder mit öffentlichem Glauben versehenen Personen als den Amtsgerichten oder Notaren oder nur von solchen anderen Behörden oder Personen oder nur von dem örtlich zuständigen Amtsgerichte vorgenommen werden können.

Beglaubigte Abschriften oder Bescheinigungen aus den bei Gericht geführten oder verwahrten Akten und öffentlichen Büchern sollen die Notare in der Regel nicht erteilen.

Art. 33. Die Amtsgerichte und die Notare sollen die freiwillige Versteigerung eines Grundstücks nur vornehmen, wenn das Grundstück in ihrem Amtsbezirke belegen ist. Liegt das Grundstück in verschiedenen Amtsbezirken oder sollen mehrere Grundstücke, die in verschiedenen Amtsbezirken liegen, zusammen versteigert werden, so ist jedes Amtsgericht sowie jeder Notar, in dessen Amtsbezirk ein Teil des Grundstücks oder eines der Grundstücke liegt, zu der Versteigerung befugt.

Gehört das Grundstück zu einem Nachlaß oder zu einer ehelichen Gütergemeinschaft oder zu einer fortgesetzten Gütergemeinschaft, so darf die Versteigerung auch von dem Gerichte vorgenommen werden, welches auf Grund der §§ 86, 99 des Reichsgesetzes über die Angelegenheiten der freiwilligen Gerichtsbarkeit mit der Vermittelung der Auseinandersetzung befaßt ist; hat das Gericht die Vermittelung der Auseinandersetzung einem Notar übertragen, so ist an Stelle des Gerichts der Notar zuständig.

Art. 34. Ist zur Wahrnehmung von Rechten im Auslande die Leistung eines Eides oder eine Versicherung an Eides Statt erforderlich, so ist zur Abnahme des Eides oder der Versicherung an Eides Statt sowohl das Amtsgericht als auch der Notar befugt.

Das Amtsgericht kann für eine einzelne Angelegenheit einen Sachverständigen auch dann beeidigen, wenn alle bei dieser Angelegenheit beteiligten Personen darauf antragen und die Beeidigung nach dem Ermessen des Gerichts angemessen erscheint.

Art. 35. Zur Beglaubigung von Abschriften sind auch die Urkundsbeamten der Geschäftsstelle befugt. Die Vorschriften über die Beglaubigung von Abschriften aus dem Grundbuch und dem Schiffsregister bleiben unberührt.

Art. 36. Die Urkundsbeamten der Geschäftsstelle bei den Amtsgerichten sind zuständig für die öffentliche Beglaubigung einer Unterschrift und für Beurkundungen behufs Sicherstellung der Zeit, zu welcher eine Privaturkunde ausgestellt ist.

Art. 36 in der Fassung des Ges. vom 18. März 1914 (GS. S. 35).

Art. 37. Eine Beurkundung, für die das Landgericht oder das Oberlandesgericht zuständig ist, kann durch einen beauftragten oder ersuchten Richter erfolgen. Der Auftrag kann auch von dem Vorsitzenden der Kammer oder des Senats erteilt werden. Der beauftragte oder ersuchte Richter soll sich in der Urkunde als solcher bezeichnen.

Art. 38. Soweit die Urkundsbeamten der Geschäftsstelle oder die Gerichtsvollzieher auf Antrag der Beteiligten oder im Auftrage des Gerichts die im Art. 31 Abs. 1 bezeichneten Geschäfte vornehmen können, ist das Amtsgericht befugt, die Ausführung eines Geschäfts, um dessen Vornahme es ersucht wird, dem Urkundsbeamten der Geschäftsstelle oder einem Gerichtsvollzieher zu übertragen. In gleicher Weise kann, soweit für die Aufnahme von Vermögensverzeichnissen, die öffentliche Versteigerung beweglicher Sachen sowie die öffentliche Verpachtung an den Meistbietenden die im siebenten Abschnitte bezeichneten Behörden oder Beamten zuständig sind, diesen die Ausführung eines Geschäfts, um dessen Vornahme das Amtsgericht ersucht wird, übertragen werden.

Die Aufnahme eines Vermögensverzeichnisses kann auch einem Notar übertragen werden.

Der Justizminister kann für solche Bezirke, in denen dazu ein Bedürfnis besteht, die Amtsgerichte ermächtigen, in den ihnen geeignet scheinenden Fällen mit der Vornahme und der Beurkundung einer freiwilligen Grundstücksversteigerung, die außerhalb der Gerichtsstelle erfolgen soll, einen Urkundsbeamten der Geschäftsstelle zu beauftragen; der Urkundsbeamte der Geschäftsstelle soll nur mit Zustimmung der Beteiligten beauftragt werden.

Art. 39. Eine Beurkundung ist nicht deshalb ungültig, weil der beurkundende Beamte sie außerhalb der Grenzen seines Bezirkes vorgenommen hat.

Zweiter Titel. Urkunden über Rechtsgeschäfte.

Art. 40. Werden bei der Beurkundung eines Rechtsgeschäfts von dem Richter oder dem Notar Wahrnehmungen gemacht, welche Zweifel darüber begründen, ob ein Beteiligter die zu dem Rechtsgeschäft erforderliche Geschäftsfähigkeit oder Einsicht besitzt, oder bestehen sonstige Zweifel an der Gültigkeit des Geschäfts, so sollen die Zweifel den Beteiligten mitgeteilt und der Inhalt der Mitteilung sowie die von den Beteiligten darauf abgegebenen Erklärungen in dem Protokolle festgestellt werden.

Verstößt der Inhalt eines Geschäfts gegen ein Strafgesetz oder ist das Geschäft offenbar ungültig, so hat der Richter sowie der Notar die Beurkundung abzulehnen.

Art. 41. Das Protokoll soll, falls ein Beteiligter taub ist, ihm zur Durchsicht vorgelegt werden, auch wenn er dies nicht verlangt. In dem Protokolle soll festgestellt werden, daß dies geschehen ist.

Ist ein tauber Beteiligter nicht imstande, Geschriebenes zu lesen, so soll eine Vertrauensperson zugezogen werden, die sich mit ihm zu verständigen vermag. In dem Protokolle soll festgestellt werden, daß der Beteiligte nach der Überzeugung des Richters oder des Notars die Vertrauensperson verstanden hat. Das Protokoll soll auch von der Vertrauensperson genehmigt und unterschrieben werden. Die Vertrauensperson kann auch der Urkundsbeamte der Geschäftsstelle, der zugezogene zweite Notar oder ein zugezogener Zeuge oder einer der Beteiligten sein.

Art. 42. Die Urschrift des gerichtlichen und des notariellen Protokolls über die Beurkundung eines Rechtsgeschäfts bleibt in der Verwahrung des Gerichts oder des Notars.

Art. 43. Eine Ausfertigung des Protokolls kann nur von dem Gericht oder dem Notar erteilt werden, in dessen Verwahrung sich die Urschrift befindet.

Hat das Gericht oder der Notar, in dessen Verwahrung sich die Urschrift befindet, das Protokoll nicht aufgenommen, so soll in der Ausfertigung angegeben werden, weshalb sie von dem ausfertigenden Gericht oder Notar erteilt worden ist.

Art. 44. Wird glaubhaft gemacht, daß die Urkunde im Auslande gebraucht werden soll, so darf mit Zustimmung derjenigen, welche nach Art. 49 Abs. 1 eine Ausfertigung fordern können, die Urschrift ausgehändigt werden. Geschieht dies, so soll eine Ausfertigung zurückbehalten und auf dieser vermerkt werden, wem und an welchem Tage die Urschrift ausgehändigt worden ist. Die zurückbehaltene Ausfertigung vertritt die Stelle der Urschrift.

Art. 45. Die Vorschriften des § 182 des Reichsgesetzes über die Angelegenheiten der freiwilligen Gerichtsbarkeit finden auch auf die gerichtliche Ausfertigung notarieller Protokolle Anwendung.

Notarielle Ausfertigungen sind von dem Notar zu unterschreiben und mit dem Dienstsiegel zu versehen. Auf Antrag können die Protokolle vom Notar auch auszugsweise ausgefertigt werden.

Art. 46. Die Ausfertigung soll den Ort und den Tag der Erteilung angeben und die Bezeichnung der Person enthalten, der sie erteilt wird.

Auf der Urschrift soll vermerkt werden, wem und an welchem Tage Ausfertigungen erteilt worden sind.

Art. 47. Soll ein Protokoll auszugsweise ausgefertigt werden, so sind in die Ausfertigung außer solchen Teilen des Protokolls, welche die Beobachtung der Förmlichkeiten nachweisen, diejenigen Teile aufzunehmen, welche den Gegenstand betreffen, auf den sich der Auszug beziehen soll. In dem Ausfertigungsvermerk ist der Gegenstand anzugeben und zu bezeugen, daß weitere den Gegenstand betreffende Bestimmungen in dem Protokolle nicht enthalten sind. Bei gerichtlichen Ausfertigungen hat der Richter den Umfang des Auszugs und den Inhalt des Ausfertigungsvermerkes anzuordnen und der Urkundsbeamte der Geschäftsstelle in dem Ausfertigungsvermerke die Anordnung des Richters zu erwähnen.

Art. 48. Anlagen des Protokolls sind, soweit sie nicht nach § 176 des Reichsgesetzes über die Angelegenheiten der freiwilligen Gerichtsbarkeit einen Teil des Protokolls selbst bilden, der Ausfertigung oder dem Auszug in beglaubigter Abschrift beizufügen; die Beifügung erfolgt nur auf Antrag.

Art. 49. Von den Protokollen können, sofern nicht in der Urkunde oder durch eine besondere Erklärung gegenüber dem Gericht oder dem Notar eine abweichende Bestimmung getroffen ist, eine Ausfertigung fordern:

1. diejenigen, welche das Rechtsgeschäft im eigenen Namen vorgenommen haben oder in deren Namen das beurkundete Rechtsgeschäft von anderen vorgenommen worden ist;
2. die Rechtsnachfolger der in Nr. 1 bezeichneten Personen.

Die im Abs. 1 bezeichneten Personen sind auch berechtigt, eine einfache oder beglaubigte Abschrift zu verlangen und die Urschrift einzusehen.

Hat derjenige, welcher eine Ausfertigung fordert, sein Rechtsvorgänger oder sein Rechtsnachfolger schon eine Ausfertigung erhalten, so ist die Erteilung einer weiteren Ausfertigung zu verweigern, wenn ihr rechtliche Bedenken entgegenstehen.

Art. 50. Die Einsicht der notariellen Protokolle kann denjenigen gestattet werden, in deren Interesse die Urkunde errichtet worden ist, sowie den Rechtsnachfolgern dieser Personen. Das gleiche gilt von der Erteilung einer einfachen oder beglaubigten Abschrift.

Art. 51. Der Urkundsbeamte der Geschäftsstelle soll Ausfertigungen oder Abschriften nur auf Anordnung des Gerichts erteilen.

Weigert sich ein Notar, eine Ausfertigung oder Abschrift zu erteilen oder die Einsicht der Urschrift zu gestatten, so entscheidet auf Antrag des Beteiligten eine Zivilkammer des Landgerichts, in dessen Bezirke der Notar seinen Amtssitz hat.

Art. 52. Die Rechte, welche Behörden oder Beamten sowie anderen als den in den Art. 49, 50 bezeichneten Personen in bezug auf die Aushändigung oder Einsicht gerichtlicher oder notarieller Urkunden oder in bezug auf die Mitteilung ihres Inhalts zustehen, werden durch die Vorschriften dieses Titels nicht berührt.

Dritter Titel. Sonstige Urkunden.

Art. 53. Für notarielle Urkunden über andere Gegenstände als Rechtsgeschäfte gelten die Vorschriften der Art. 54 bis 62. Die gleichen Vorschriften finden auf gerichtliche Urkunden der bezeichneten Art Anwendung, soweit nicht die Beurkundung einen Teil eines anderen Verfahrens bildet.

Art. 54. Die Urkunde muß den Ort und den Tag der Verhandlung oder, falls sie nicht in der Form eines Protokolls aufgenommen wird, den Ort und den Tag der Ausstellung angeben und mit der Unterschrift des Richters oder des Notars versehen sein. Wird die Urkunde den Beteiligten in Urschrift ausgehändigt, so muß sie auch mit Siegel oder Stempel versehen sein.

Art. 55. Die Beurkundung soll, sofern nicht ein anderes bestimmt ist, in der Form eines Protokolls erfolgen. Außer dem Richter oder dem Notar sollen auch die übrigen bei der Verhandlung mitwirkenden Personen das Protokoll unterzeichnen.

Inwieweit das Protokoll den Beteiligten behufs der Genehmigung vorzulesen oder ihnen zur Durchsicht vorzulegen und von ihnen zu unterschreiben ist, bleibt dem Ermessen des Richters oder des Notars überlassen.

Art. 56. Bei Zustellungen, bei der Beglaubigung von Abschriften, bei der Sicherstellung der Zeit, zu welcher eine Privaturkunde ausgestellt ist, bei Lebensbescheinigungen und bei sonstigen einfachen Zeugnissen bedarf es nicht der Aufnahme eines Protokolls.

Art. 57. Die Beglaubigung einer Abschrift geschieht durch einen unter die Abschrift zu setzenden Vermerk, der die Übereinstimmung mit der Hauptschrift bezeugt. In dem Vermerke soll ersichtlich gemacht werden, ob die Hauptschrift eine Urschrift, eine einfache oder beglaubigte Abschrift oder eine Ausfertigung ist; ist sie eine beglaubigte Abschrift oder eine Ausfertigung, so ist der Beglaubigungsvermerk oder der Ausfertigungsvermerk in die beglaubigte Abschrift mitaufzunehmen.

Durchstreichungen, Änderungen, Einschaltungen, Radierungen oder andere Mängel einer von den Beteiligten vorgelegten Schrift sollen in dem Vermerk angegeben werden.

Soll ein Auszug aus einer Urkunde beglaubigt werden, so finden die Vorschriften des Art. 47 Satz 1, 2 entsprechende Anwendung.

Art. 58. Die Sicherstellung der Zeit, zu welcher eine Privaturkunde ausgestellt ist, geschieht durch einen unter die Urkunde zu setzenden Vermerk, in welchem der Richter oder der Notar bezeugt, wann ihm die Urkunde vorgelegt worden ist. Die Vorschriften des Art. 57 Abs. 2 finden Anwendung.

Art. 59. Wird von dem Urkundsbeamten der Geschäftsstelle eine Abschrift oder die Zeit, zu welcher eine Privaturkunde ihm vorgelegt worden ist, beglaubigt, so finden die Vorschriften der Art. 54, 57, 58 und bei der Beglaubigung eines Auszugs auch die Vorschrift des Art. 47 Satz 3 entsprechende Anwendung.

Art. 60. Bei der Beglaubigung einer Unterschrift oder eines Handzeichens ist der Richter oder der Notar ohne Zustimmung der Beteiligten nicht befugt, von dem Inhalte der Urkunde Kenntnis zu nehmen.

Wenn der Notar den Entwurf einer Urkunde anfertigt und nach ihrer Vollziehung durch die Beteiligten die Unterschriften oder Handzeichen beglaubigt, so hat er eine beglaubigte Abschrift der Urkunde zu seinen Akten zurückzubehalten; diese Abschrift ist stempelfrei.

Werden von dem Richter oder dem Notar Wahrnehmungen gemacht, die geeignet sind, Zweifel an der unbeschränkten Geschäftsfähigkeit der Person zu begründen, deren Unterschrift oder Handzeichen beglaubigt werden soll, so soll dies in dem Beglaubigungsvermerke festgestellt werden.

Die Beglaubigung einer Unterschrift durch den Urkundsbeamten der Geschäftsstelle des Amtsgerichts darf nur erfolgen, wenn die Unterschrift in Gegenwart des Urkundsbeamten vollzogen oder anerkannt wird. Die Beglaubigung geschieht durch einen unter die Unterschrift zu setzenden Vermerk. Der Vermerk muß die Bezeichnung desjenigen, welcher die Unterschrift vollzogen oder anerkannt hat, enthalten und den Ort und den Tag der Ausstellung angeben sowie mit Unterschrift und Siegel oder Stempel versehen sein. Er soll außerdem die Angabe enthalten, daß die Vollziehung oder Anerkennung der Unterschrift in Gegenwart des Urkundsbeamten der Geschäftsstelle erfolgt ist. Die Vorschriften des ersten und des dritten Absatzes sind entsprechend anwendbar.

Abs. 4 ist hinzugefügt durch Gesetz vom 18. März 1914 (GS. S. 35). — Der erste Satz von Abs. 4 ist neu gefaßt durch Verordnung vom 9. Dezember 1927.

Art. 61. Die Urschriften der im Art. 53 bezeichneten Urkunden sind, falls die Beurkundung in der Form eines Protokolls erfolgt ist, in der Verwahrung des Gerichts oder des Notars zu belassen. Die Vorschriften des § 182 des Reichsgesetzes über die Angelegenheiten der freiwilligen Gerichtsbarkeit und der Art. 43 bis 48 dieses Gesetzes finden entsprechende Anwendung.

Eine Ausfertigung können, sofern nicht in der Urkunde oder durch eine besondere Erklärung gegenüber dem Gericht oder dem Notar eine abweichende Bestimmung getroffen ist, diejenigen Personen fordern, auf deren Antrag die Urkunde aufgenommen worden ist. Wer eine Ausfertigung fordern kann, ist auch berechtigt, eine einfache oder beglaubigte Abschrift zu verlangen und die Urschrift einzusehen. Inwieweit anderen Personen eine einfache oder beglaubigte Abschrift zu erteilen oder die Einsicht der Urschrift zu gestatten ist, bestimmt sich auch für notarielle Urkunden nach den Vorschriften des § 34 des Reichsgesetzes über die Angelegenheiten der freiwilligen Gerichtsbarkeit. Die Vorschrift des Art. 52 findet entsprechende Anwendung.

Art. 62. Wechselproteste werden den Auftraggebern in Urschrift ausgehändigt. Die beglaubigten Abschriften der Wechselproteste für das Protestregister sind stempelfrei.

Vierter Titel. Äußere Form und Vernichtung der Urkunden.

Art. 63. Umfaßt die Urschrift einer von einem Notar aufgenommenen Urkunde allein oder mit den Anlagen mehrere Bogen, so sollen diese entweder mit fortlaufenden Zahlen versehen und von dem Notar einzeln unterschrieben oder durch Schnur und Siegel verbunden werden.

Umfaßt die Ausfertigung, die beglaubigte Abschrift oder die den Beteiligten auszuhändigende Urschrift einer unter die Vorschriften des zweiten oder dritten Titels fallenden gerichtlichen oder notariellen Urkunde allein oder mit ihren Anlagen mehrere Bogen, so sollen diese durch Schnur und Siegel verbunden werden.

Art. 64. Die von den Notaren ausgestellten Urkunden und die Eintragungen in die Register der Notare sowie die gerichtlichen Urkunden, auf welche die Vorschriften des zweiten oder dritten Titels Anwendung finden, sollen deutlich und ohne Abkürzungen geschrieben, es soll in ihnen nichts radiert oder sonst unleserlich gemacht werden.

Zusätze sollen am Schlusse oder am Rande beigefügt und im letzteren Falle von den mitwirkenden Personen besonders unterzeichnet werden. In entsprechender Weise sollen auch andere Änderungen beurkundet werden. Auf Änderungen geringfügiger Art finden diese Vorschriften keine Anwendung.

Wird eine Schrift nach § 176 Abs. 2 des Reichsgesetzes über die Angelegenheiten der freiwilligen Gerichtsbarkeit dem Protokoll als Anlage beigefügt, so bedarf es einer Unterzeichnung der in der eingereichten Schrift sich findenden Änderungen nicht, wenn aus dem Protokolle hervorgeht, daß die Änderungen genehmigt worden sind.

Art. 65. Gerichtliche und notarielle Urkunden können nach Maßgabe der Anordnungen des Justizministers vernichtet werden.

Fünfter Abschnitt.

Verfahren bei der freiwilligen gerichtlichen Versteigerung von Grundstücken.

Art. 66. Wer die freiwillige gerichtliche Versteigerung eines Grundstücks beantragt, hat seine Befugnis zur Verfügung über das Grundstück dem Gerichte nachzuweisen.

Der Richter soll, soweit die Beteiligten nicht ein anderes bestimmen, bei der Versteigerung nach den Vorschriften der Art. 67 bis 74 verfahren.

Art. 67. Der Versteigerungstermin soll erst bestimmt werden, nachdem ein das Grundstück betreffender neuester Auszug aus der Grundsteuermutterrolle und der Gebäudesteuerrolle beigebracht worden ist. In den Hohenzollernschen Landen tritt an die Stelle des Auszugs aus den Steuerrollen ein Auszug aus dem Besitz- und Steuerhefte des Schuldners. Wird das Grundbuch nicht bei dem Gerichte geführt, welches die Versteigerung vornimmt, so soll auch eine beglaubigte Abschrift des Grundbuchblatts beigebracht werden.

Der Zeitraum zwischen der Anberaumung des Termins und dem Termine soll, wenn nicht besondere Gründe vorliegen, nicht mehr als sechs Monate betragen. Zwischen der Bekanntmachung der Terminsbestimmung und dem Termine soll in der Regel ein Zeitraum von mindestens sechs Wochen liegen.

Art. 68. Die Terminsbestimmung soll enthalten:

1. die Bezeichnung des Grundstücks;
2. Zeit und Ort des Versteigerungstermins;
3. die Angabe, daß die Versteigerung eine freiwillige ist;

4. die Bezeichnung des eingetragenen Eigentümers sowie die Angabe des Grundbuchblatts und der Größe des Grundstücks.

Sind vor der Bekanntmachung der Terminsbestimmung Versteigerungsbedingungen festgestellt, so soll in der Terminsbestimmung der Ort angegeben werden, wo die Versteigerungsbedingungen eingesehen werden können.

Art. 69. Die Terminsbestimmung ist durch einmalige Einrückung in ein vom Gerichte zu bestimmendes Blatt öffentlich bekanntzumachen. Die Vorschriften des § 39 Abs. 2 und des § 40 des Gesetzes über die Zwangsversteigerung und die Zwangsverwaltung finden entsprechende Anwendung.

Art. 70. Die Terminsbestimmung ist dem Antragsteller mitzuteilen.

Art. 71. Die Einsicht der Abschrift des Grundbuchblatts sowie der Auszüge aus den Steuerbüchern ist jedem gestattet.

Das gleiche gilt von anderen das Grundstück betreffenden Nachweisungen, welche ein Beteiligter einreicht, insbesondere von Abschätzungen.

Art. 72. In dem Versteigerungstermine werden nach dem Aufrufe der Sache die Versteigerungsbedingungen, sofern ihre Feststellung nicht schon vorher erfolgt ist, festgestellt und diese sowie die das Grundstück betreffenden Nachweisungen bekanntgemacht. Hierauf fordert das Gericht zur Abgabe von Geboten auf.

Art. 73. Hat ein Bieter durch Hinterlegung von Geld oder Wertpapieren Sicherheit zu leisten, so gilt in dem Verhältnisse zwischen den Beteiligten die Übergabe an das Gericht als Hinterlegung.

Art. 74. Zwischen der Aufforderung zur Abgabe von Geboten und dem Zeitpunkt, in welchem bezüglich sämtlicher zu versteigernder Grundstücke die Versteigerung geschlossen wird, soll mindestens eine Stunde liegen. Die Versteigerung soll so lange fortgesetzt werden, bis der Aufforderung des Gerichts ungeachtet ein Gebot nicht mehr abgegeben wird.

Das Gericht hat das letzte Gebot mittels dreimaligen Aufrufs zu verkünden und den Antragsteller über den Zuschlag zu hören.

Art. 75. Unberührt bleiben die besonderen Vorschriften, welche bei der Versteigerung der Grundstücke gewisser juristischer Personen zu beobachten sind.

Art. 76. Auf die freiwillige gerichtliche Versteigerung eines Bergwerkseigentums, eines unbeweglichen Bergwerksanteils sowie einer selbständigen Kohlenabbaugerechtigkeit finden außer den Art. 33, 66 bis 75 dieses Gesetzes die Art. 18, 20 des Ausführungsgesetzes zu dem Gesetz über die Zwangsversteigerung und die Zwangsverwaltung entsprechende Anwendung.

Sechster Abschnitt.

Amtsstellung der Notare.

Art. 77. Zur Bekleidung des Amtes eines Notars ist befähigt, wer in einem deutschen Bundesstaate die Fähigkeit zum Richteramt erlangt hat.

Art. 78. Die Notare werden von dem Justizminister auf Lebenszeit ernannt.

Die Ernennung eines Rechtsanwalts zum Notar kann für die Zeit erfolgen, während welcher er bei einem bestimmten Gerichte zur Rechtsanwaltschaft zugelassen ist.

Art. 79. Jedem Notar wird bei seiner Ernennung ein Amtssitz angewiesen. Innerhalb des Amtssitzes hat er seine Geschäftsräume zu halten; mehrere Geschäftsstellen darf er nicht halten.

In Orten, die in mehrere Amtsgerichtsbezirke geteilt sind, wird dem Notar innerhalb des Ortes einer dieser Bezirke als Amtssitz angewiesen. Erfolgt die Teilung erst nach der Ernennung des Notars, so gilt innerhalb des Ortes derjenige Amtsgerichtsbezirk, in welchem der Notar seine Geschäftsräume hält, als Amtssitz; in diesem Falle ist der Notar befugt, innerhalb des Ortes den Amtssitz zu wechseln.

In Städten von mehr als hunderttausend Einwohnern kann dem Notar eine bestimmt begrenzte Gegend der Stadt als Amtssitz angewiesen werden.

Art. 80. Der Amtsbezirk eines Notars umfaßt den ganzen Oberlandesgerichtsbezirk, in welchem ihm der Amtssitz angewiesen ist.

Art. 81. Der Notar hat, sofern er nicht schon bei seiner Ernennung preußischer Staatsbeamter ist, vor dem Präsidenten des Landgerichts, in dessen Bezirk ihm der Amtssitz angewiesen ist, oder vor einem von diesem beauftragten Richter den Diensteid zu leisten. Vor der Erfüllung dieser Verpflichtung soll er keine Amtshandlungen vornehmen.

Der Notar hat seine bei Amtshandlungen anzuwendende Unterschrift dem Landgerichtspräsidenten einzureichen.

Art. 82. Der Notar bedarf zur Übernahme eines unbesoldeten Amtes in der Gemeindeverwaltung oder der Gemeindevertretung nicht der Genehmigung seiner Aufsichtsbehörde.

Das gleiche gilt von der Übernahme der Mitgliedschaft in dem Vorstand oder in dem Aufsichtsrat einer

Versicherungsgesellschaft auf Gegenseitigkeit oder einer eingetragenen Genossenschaft oder in dem Aufsichtsrat einer Gesellschaft mit beschränkter Haftung.

Art. 83. Der Notar darf seine Dienste nicht ohne triftigen Grund verweigern. Nimmt er einen Auftrag nicht an, so ist er verpflichtet, die Ablehnung dem Auftraggeber unverzüglich anzuzeigen.

Hat jemand nach § 14 des Reichsgesetzes über die Angelegenheiten der freiwilligen Gerichtsbarkeit oder nach Art. 1 Satz 1 dieses Gesetzes Anspruch auf Bewilligung des Armenrechts, so hat ihm der Notar seine Dienste gebührenfrei zu gewähren.

Art. 84. Auf Amtshandlungen des Notars, die nicht die Beurkundung eines Rechtsgeschäfts zum Gegenstande haben, finden die Vorschriften, die in den §§ 6 bis 9 des Reichsgesetzes über die Angelegenheiten der freiwilligen Gerichtsbarkeit in bezug auf die Ausschließung des Richters, in bezug auf seine Befugnis, sich wegen Befangenheit der Ausübung seines Amtes zu enthalten, sowie in bezug auf die Gerichtssprache und die Dolmetscher getroffen sind, entsprechende Anwendung.

Art. 85. In einer Sache, in der mehrere Personen beteiligt sind, soll der Notar, der in dieser Sache für einen der Beteiligten als Prozeßbevollmächtigter tätig ist oder gewesen ist, keine Amtshandlungen vornehmen, wenn einer der Beteiligten widerspricht. Der Notar soll den Beteiligten von einem solchen Widerspruchsgrund unverzüglich Mitteilung machen; der Widerspruch ist nur zulässig, wenn er unverzüglich nach der Mitteilung erfolgt.

Art. 86. Wird bei einer Amtshandlung des Notars die Beeidigung eines Dolmetschers erforderlich, so erfolgt sie durch das Amtsgericht, in dessen Bezirke der Notar seinen Amtssitz hat oder die Tätigkeit des Dolmetschers stattfinden soll. In dringenden Fällen kann die Beeidigung auch durch den Notar erfolgen; die Beeidigung ist nicht deshalb unwirksam, weil der Fall nicht dringlich war.

Art. 87. Die Notare sind zuständig, Siegelungen und Entsiegelungen im Auftrage des Gerichts oder des Konkursverwalters vorzunehmen.

Art. 88. Die Vorschriften, nach denen die Notare noch zu anderen als den in diesem und in dem zweiten und vierten Abschnitte bezeichneten Geschäften zuständig sind, bleiben unberührt.

Art. 89. Der Notar soll in Ansehung von Geschäften, die er beurkundet, keine Gewährleistung übernehmen.

Notare, die ihren Amtssitz in Ostfriesland und Harlingerland sowie im Regierungsbezirk Osnabrück haben, dürfen die Gewähr für die von ihnen auf Grund einer Versteigerung zu erhebenden Kauf- oder Pachtgelder übernehmen, falls es sich um Gegenstände handelt, die sich in diesen Landesteilen befinden.

Art. 90. Der Notar hat, soweit nicht das Gesetz ein anderes bestimmt, über die Verhandlungen, bei denen er mitgewirkt hat, Verschwiegenheit zu beobachten, es sei denn, daß die in der Sache Beteiligten ihn von dieser Verpflichtung entbinden.

Art. 91. Das Recht der Aufsicht steht zu:

1. dem Justizminister hinsichtlich aller Notare;
2. dem Präsidenten des Oberlandesgerichts hinsichtlich der Notare des Oberlandesgerichtsbezirkes;
3. dem Präsidenten des Landgerichts hinsichtlich der Notare, welche ihren Amtssitz in dem Landgerichtsbezirke haben.

Art. 92. Die Notare sind verpflichtet, den Beamten, welchen das Recht der Aufsicht zusteht, sowie den von diesen beauftragten richterlichen Beamten auf Verlangen die Urkunden und Register zur Einsicht vorzulegen.

Art. 93. Die Vorschriften des § 21 des Gesetzes, betreffend die Abänderung von Bestimmungen der Disziplinargesetze, vom 9. April 1879 (GS. S. 345) werden auf den ganzen Umfang der Monarchie ausgedehnt.

Die Vorschriften des § 13 des Gesetzes, betreffend die Dienstvergehen der Richter usw., vom 7. Mai 1851 (GS. S. 218) und der §§ 23, 24 des Gesetzes, betreffend die Abänderung von Bestimmungen der Disziplinargesetze, finden bei der Aufsicht über die Notare entsprechende Anwendung.

Art. 94. Die Strafen, auf die das Disziplinargericht zu erkennen befugt ist, sind:

1. Warnung;
2. Verweis;
3. Geldstrafe bis zu dreitausend Mark, allein oder in Verbindung mit einem Verweise;
4. Verlust des Amtes oder Dienstentlassung; auf den Verlust des Amtes ist zu erkennen, wenn das Gericht den Verurteilten nicht für unwürdig erachtet, an einem anderen Orte wiederangestellt zu werden.

Art. 95. Der Notar hat ein Register zu führen, in welches die aufgenommenen Verhandlungen, die angefertigten und beglaubigten Entwürfe und die Beglaubigungen von Unterschriften oder Handzeichen sowie die sonstigen Zeugnisse mit Ausnahme der Beglaubigung von Abschriften in ununterbrochener

Reihenfolge unter fortlaufenden Nummern einzutragen sind. Das Register ist mit fortlaufenden Seitenzahlen zu versehen und die Zahl der Seiten von dem Amtsgericht, in dessen Bezirke der Notar seinen Amtssitz hat, zu beglaubigen. Die Eintragungen sollen in verschiedenen Spalten den Tag der Ausstellung und den Gegenstand der Urkunde sowie eine Bezeichnung der Beteiligten enthalten. Auf der Urschrift jeder Urkunde sowie auf jeder Ausfertigung oder Abschrift soll der Notar die Nummer angeben, unter der die Urschrift im Register eingetragen ist.

Die Vorschriften des Abs. 1 finden auf Wechselproteste keine Anwendung.

Art. 96. Die Notare haben nach Maßgabe der Anordnungen des Justizministers ein besonderes Verwahrungsbuch über die bei ihnen eingehenden fremden Gelder, geldwerten Papiere und Kostbarkeiten zu führen.

Art. 97. Für die Zeit, während welcher ein Notar beurlaubt oder durch Krankheit oder sonst verhindert ist, seine Geschäfte wahrzunehmen, kann er die sein Amt betreffenden Akten (Urschriften, Register usw.) einem anderen Notar im Bezirke desselben oder eines benachbarten Amtsgerichts in Verwahrung geben. Hiervon hat er dem Amtsgerichte seines Amtssitzes Mitteilung zu machen. Er kann diesem Amtsgericht auch die Verwahrung überlassen.

Art. 98. Hat ein Notar für die Zeit, während welcher er beurlaubt oder verhindert ist, seine Geschäfte wahrzunehmen, die Verwahrung seiner Akten in der im Art. 97 bezeichneten Art nicht veranlaßt, so hat, falls ein Antrag auf Erteilung einer Ausfertigung aus den Akten des Notars oder auf Erteilung einer Abschrift oder auf Gewährung der Einsicht gestellt wird, das Amtsgericht, in dessen Bezirke der Notar seinen Amtssitz hat, die Dienstakten in Verwahrung zu nehmen, bis der Notar die Geschäfte wieder übernimmt.

Art. 99. Der Justizminister kann einem Notar auf dessen Antrag für die Dauer einer Krankheit sowie für die Dauer einer durch erhebliche Gründe gerechtfertigten Abwesenheit oder anderweitigen Verhinderung einen Vertreter bestellen. Zum Vertreter darf nur bestellt werden, wer von dem Notar vorgeschlagen und zur Übernahme der Vertretung bereit ist. Ist der Notar durch die Krankheit verhindert, den Antrag zu stellen oder einen Vertreter vorzuschlagen, so kann ein nach § 1910 des Bürgerlichen Gesetzbuchs bestellter Pfleger diese Handlungen für ihn vornehmen.

Der Vertreter muß zum Richteramte befähigt sein. Er hat vor dem Beginne der Vertretung seine bei den Notariatsverhandlungen anzuwendende Unterschrift dem Landgerichtspräsidenten einzureichen und, sofern er nicht schon preußischer Staatsbeamter ist, vor dem Landgerichtspräsidenten oder einem beauftragten Richter den Diensteid zu leisten. Vor der Erfüllung dieser Verpflichtung soll er keine Amtshandlungen vornehmen. Ist er schon einmal als Vertreter eines Notars beeidigt worden, so genügt es, wenn er auf den früher geleisteten Eid verwiesen wird.

Die Bestellung des Vertreters kann jederzeit widerrufen werden.

Art. 100. Der Anfang sowie die Beendigung der Vertretung ist im Notariatsregister von dem Notar oder dessen Vertreter zu vermerken; die Beendigung der Vertretung ist dem Landgerichtspräsidenten anzuzeigen.

Art. 101. Der Vertreter versieht das Amt des Vertretenen unter dessen und seiner eigenen Verantwortlichkeit und auf dessen Kosten. Er hat seiner Unterschrift einen ihn als Vertreter kennzeichnenden Zusatz beizufügen und das Dienstsiegel des Vertretenen zu gebrauchen.

Der Vertreter soll, unbeschadet der aus seiner Person sich ergebenden Hinderungsgründe, auch insoweit keine Amtshandlungen vornehmen, als der von ihm vertretene Notar ausgeschlossen sein würde.

Die Amtshandlungen des Vertreters sind nicht deshalb ungültig, weil die für seine Bestellung nach Art. 99 Abs. 1 erforderlichen Voraussetzungen zur Zeit der Bestellung nicht vorhanden waren oder später weggefallen sind.

Der Vertretene soll während der Dauer der Vertretung keine Amtshandlungen vornehmen.

Art. 102. Bei dem Ausscheiden oder dem Tode sowie bei der Versetzung eines Notars in einen anderen Amtsgerichtsbezirk hat das Amtsgericht, in dessen Bezirke der Notar seinen Amtssitz hatte, die das Amt des Notars betreffenden Papiere (Urschriften, Register usw.) in Verwahrung zu nehmen. Dem Präsidenten des Landgerichts, in dessen Bezirke der Notar seinen Amtssitz hatte, ist hiervon Anzeige zu machen.

Bei dem Ausscheiden oder dem Tode eines Notars hat das im Abs. 1 bezeichnete Amtsgericht das Dienstsiegel des Notars zum Zwecke der Vernichtung an sich zu nehmen; dasselbe gilt von Dienstsiegeln, die infolge einer Versetzung des Notars unbrauchbar geworden sind.

Art. 103. Wird ein Notar vom Amte vorläufig enthoben, so hat der Präsident des Landgerichts zu bestimmen, ob während der Dauer der Entbebung alle Papiere an das Amtsgericht abgegeben oder diesem nur das Register nebst dem Dienstsiegel ausgeliefert und die Urschriften, deren Einsichtnahme verlangt oder von denen eine Ausfertigung oder eine Abschrift gefordert wird, behufs der Gewährung der Einsicht oder behufs der Erteilung der Ausfertigung oder der Abschrift vorgelegt werden sollen.

Siebenter Abschnitt.

Besondere Gerichte. Mitwirkung der Gemeindebeamten in Angelegenheiten der freiwilligen Gerichtsbarkeit.

Art. 104. Im Geltungsbereiche des Allgemeinen Landrechts ist für die im § 1960 des Bürgerlichen Gesetzbuchs vorgesehene Sicherung des Nachlasses außer den Amtsgerichten das Dorfgericht zuständig, in dessen Bezirke das Bedürfnis der Fürsorge hervortritt, es sei denn, daß sich am Sitze des Dorfgerichts ein Amtsgericht befindet.

Zum Zwecke der Sicherung kann das Dorfgericht insbesondere Siegel anlegen, Geld, Wertpapiere und Kostbarkeiten an sich nehmen und ein Nachlaßverzeichnis aufnehmen. Ein auf Grund dieser Vorschrift aufgenommenes Verzeichnis kann nicht nach § 2004 des Bürgerlichen Gesetzbuchs als Nachlaßinventar benutzt werden. Zur Bestellung eines Nachlaßpflegers ist das Dorfgericht nicht befugt.

Art. 105. Das Dorfgericht soll von den Maßregeln, die es zur Sicherung des Nachlasses ergriffen hat, dem Amtsgericht, in dessen Bezirk es seinen Sitz hat, Mitteilung machen. Verfügungen von Todes wegen, die sich im Nachlasse befinden, sowie Geld, Wertpapiere oder Kostbarkeiten, die das Dorfgericht an sich genommen hat, hat es unverzüglich an das Amtsgericht abzuliefern.

In zweifelhaften Fällen hat das Dorfgericht, wenn es keine Sicherungsmaßregeln trifft, dem Amtsgerichte den Sachverhalt anzuzeigen.

Art. 106. Die Abänderung einer Anordnung des Dorfgerichts ist bei dem im Art. 105 bezeichneten Amtsgerichte nachzusuchen. Das Amtsgericht ist auch berechtigt, eine Anordnung des Dorfgerichts, die es für ungerechtfertigt erachtet, von Amts wegen zu ändern.

Hat das Dorfgericht Siegel angelegt, so soll die Abnahme der Siegel in der Regel nur auf Anordnung des Amtsgerichts erfolgen.

Art. 107. Die Dorfgerichte können von den Amtsgerichten mit der Ausführung der auf Grund des § 1960 des Bürgerlichen Gesetzbuchs angeordneten Maßregeln beauftragt werden.

Art. 108. Die Dorfgerichte sind zuständig, im Auftrage des Amtsgerichts Vermögensverzeichnisse, insbesondere Nachlaßinventare, aufzunehmen.

Die Dorfgerichte sind zuständig, im Falle des § 20 des Gesetzes, betreffend das Anerbenrecht bei Renten- und Ansiedelungsgütern, vom 8. Juni 1896 (GS. S. 124) im Auftrage der Generalkommission Nachlaßinventare aufzunehmen.

Art. 109. Die Dorfgerichte sind zuständig, freiwillige öffentliche Versteigerungen beweglicher Sachen sowie öffentliche Verpachtungen an den Meistbietenden vorzunehmen und zu beurkunden. Sie sollen diese Geschäfte nur im Auftrage des Amtsgerichts vornehmen; eines besonderen Auftrags für jedes einzelne Geschäft bedarf es nicht.

Art. 110. Die Dorfgerichte sind gehörig besetzt, wenn neben dem Schulzen zwei Schöffen oder ein Schöffe und ein vereidigter Urkundsbeamter*) mitwirken. Für die Aufnahme von Taxen bewendet es bei den bisherigen Vorschriften.

Den Amtsgerichten steht in den Angelegenheiten der freiwilligen Gerichtsbarkeit hinsichtlich der Dorfgerichte ihres Bezirkes das Recht der Aufsicht zu.

Art. 111. Die Vorschriften der Art. 104 bis 109 finden entsprechende Anwendung auf die Ortsvorsteher in den Hohenzollernschen Landen, auf die Bürgermeister in dem vormals landgräflich hessischen Amtsbezirke Homburg und in den Gebieten des vormaligen Herzogtums Nassau sowie der vormals Freien Stadt Frankfurt mit Ausnahme des Gebiets der jetzigen Stadtgemeinde Frankfurt und auf die Ortsgerichtsvorsteher in den vormals großherzoglich hessischen Gebietsteilen.

Art. 112. Die im Art. 111 bezeichneten Beamten sind zuständig, im Auftrage des Gerichts freiwillige öffentliche Versteigerungen von Grundstücken vorzunehmen und zu beurkunden. Sie sollen hiermit nur auf Antrag der Beteiligten beauftragt werden.

Art. 113. Die im Art. 111 bezeichneten Beamten sind zuständig, auf Antrag eines Beteiligten die Teilung eines gemeinschaftlichen Vermögens, Verträge, durch welche Eltern ihr Vermögen den Kindern übergeben, sowie Eheverträge und Erbverträge vorzubereiten. Sie haben insbesondere, falls ein Beteiligter die Vermittelung einer Auseinandersetzung nach den §§ 86 bis 99 des Reichsgesetzes über die Angelegen-

*) Jetziger Wortlaut gemäß Art. 2 des Gesetzes vom 9. Dezember 1927.

heiten der freiwilligen Gerichtsbarkeit beantragen will, den Antrag aufzunehmen und dem zuständigen Amtsgerichte zu übersenden.

Art. 114. Die im Art. 111 bezeichneten Beamten sind zuständig, Gesindedienstverträge zu beurkunden sowie auf Antrag eines Beteiligten einseitige Willenserklärungen an Personen, die in ihrem Amtsbezirk ihren Wohnsitz haben, bekanntzumachen und die Bekanntmachung zu beurkunden.

Art. 115. Die im Art. 111 bezeichneten Beamten sind zuständig, Unterschriften zu beglaubigen. Die Unterschrift einer Person, die in ihrem Amtsbezirke weder einen Wohnsitz noch den gewöhnlichen Aufenthalt hat, sollen sie nicht beglaubigen.

Die Beglaubigung darf nur erfolgen, wenn die Unterschrift in Gegenwart des beglaubigenden Beamten vollzogen oder anerkannt wird.

Die Beglaubigung geschieht durch einen unter die Unterschrift zu setzenden Vermerk. Der Vermerk muß die Bezeichnung desjenigen, welcher die Unterschrift vollzogen oder anerkannt hat, enthalten und den Ort und den Tag der Ausstellung angeben sowie mit Unterschrift und Siegel oder Stempel versehen sein. Er soll außerdem die Angabe enthalten, daß die Vollziehung oder Anerkennung der Unterschrift in Gegenwart des beglaubigenden Beamten erfolgt ist.

Art. 116. Die im Art. 111 bezeichneten Beamten sind verpflichtet, die Gerichte bei der Beurkundung einer Teilung oder eines Übergabevertrags sowie bei der Vermittelung einer Auseinandersetzung auf Ersuchen zu unterstützen.

Auch in anderen Angelegenheiten der freiwilligen Gerichtsbarkeit können sich die Gerichte ihrer Beihilfe bedienen, insbesondere die Erteilung von Auskunft oder Zeugnissen über persönliche Verhältnisse und über Besitzverhältnisse sowie die Abgabe von Gutachten verlangen.

Art. 117. Die Vorschriften der Art. 111 bis 116 gelten nicht für Orte, die Sitz eines Amtsgerichts sind.

Art. 118. Die Vorschriften der Art. 104 bis 106 finden entsprechende Anwendung auf die Gemeindevorstände (Bürgermeister, Dorfschaftsvorsteher, Bauerschaftsvorsteher, Gutsvorsteher) in Schleswig-Holstein.

Art. 119. Die Vorschriften des bisherigen Rechtes, nach denen die Dorfgerichte im Geltungsbereiche des Allgemeinen Landrechts zu Geschäften der freiwilligen Gerichtsbarkeit befugt sind, sowie die Vorschriften des Allerhöchsten Erlasses vom 14. Dezember 1868 über die Zuständigkeit der Ratmänner in der Landschaft Eiderstedt werden aufgehoben. Das gleiche gilt von den Vorschriften des bisherigen Rechtes, nach welchen in den Hohenzollernschen Landen, in dem vormaligen Herzogtume Nassau, in den vormals großherzoglich hessischen Gebietsteilen, in dem vormals landgräflich hessischen Amtsbezirke Homburg und in dem Gebiete der vormals Freien Stadt Frankfurt Ortsbehörden (Ortsgerichte, Feldgerichte, Bürgermeister, Schultheißen, Schöffen usw.) befugt sind, selbständig oder als gerichtliche Hilfsbeamte Geschäfte der freiwilligen Gerichtsbarkeit vorzunehmen.

Unberührt bleiben die Vorschriften über die Aufnahme von Taxen sowie die Vorschriften derjenigen Gesetze, deren Geltungsbereich sich nicht auf die im Abs. 1 Satz 2 bezeichneten Gebietsteile beschränkt, sondern sich über diese Gebietsteile hinaus erstreckt.

Art. 120. Der Justizminister ist befugt, über die Aufsicht, welcher die im Art. 111 und im Art. 119 Abs. 1 Satz 2 bezeichneten Behörden und Beamten in den Angelegenheiten der freiwilligen Gerichtsbarkeit unterliegen, Bestimmung zu treffen.

Art. 121. In dem Gebiete des vormaligen Kurfürstentums Hessen sind nur die Amtsgerichte zuständig, auf Grund des § 1960 des Bürgerlichen Gesetzbuchs für die Sicherung des Nachlasses zu sorgen.

Art. 122. Durch Königliche Verordnung können in den im Art. 119 Abs. 1 Satz 2 bezeichneten Gebietsteilen sowie in den vormals kurhessischen Teilen des Oberlandesgerichtsbezirkes Frankfurt Ortsgerichte errichtet werden. Die Ortsgerichte sind für die in den Art. 104 bis 109, 112 bis 116 bezeichneten Angelegenheiten zuständig; die im Art. 111 genannten Beamten verlieren mit der Errichtung der Ortsgerichte ihre Zuständigkeit für diese Angelegenheiten. Im vormaligen Herzogtume Nassau gehen auf die Ortsgerichte auch die im Art. 12 § 3 des Ausführungsgesetzes zum Bürgerlichen Gesetzbuche bezeichneten Verrichtungen über.

Die Einrichtung sowie die dienstliche Stellung der Ortsgerichte wird durch Königliche Verordnung geregelt. Für Orte, in deren Nähe sich ein Amtsgericht befindet, kann die Zuständigkeit der im Art. 111 genannten Beamten aufgehoben werden, ohne daß diese Orte in die Bezirke der neuen Ortsgerichte einbezogen werden.

Art. 123. Durch Königliche Verordnung können für den Bezirk des vormaligen Justizsenats zu Ehrenbreitstein Ortsgerichte errichtet werden.

Die Ortsgerichte sind für die in den Art. 104 bis 109, 112 bis 116 bezeichneten Angelegenheiten zuständig. Mit der Errichtung der Ortsgerichte hören die Befugnisse auf, welche zu dieser Zeit in dem Bezirke des vormaligen Justizsenats zu Ehrenbreitstein den Feldgerichten, den Schultheißen, den Schöffen, den Bürgermeistern und den Ortsvorstehern in Angelegenheiten der freiwilligen Gerichtsbarkeit zustehen. Für Orte, an denen oder in deren Nähe sich ein Amtsgericht befindet, kann die Zuständigkeit dieser Beamten aufgehoben werden, ohne daß diese Orte in die Bezirke der neuen Ortsgerichte einbezogen werden. Die Vorschriften des Art. 119 Abs. 2 finden entsprechende Anwendung.

Art. 124. Den Ortsgerichten (Art. 122, 123) können durch Königliche Verordnung unter Aufhebung der geltenden Bestimmungen solche durch die Vorschriften dieses Abschnitts nicht betroffene Angelegenheiten übertragen werden, welche in dem einzelnen Rechtsgebiete den jetzt bestehenden Ortsbehörden obliegen.

Für Orte, die in die Bezirke der neuen Ortsgerichte nicht einbezogen werden, können die im Abs. 1 bezeichneten Angelegenheiten durch Königliche Verordnung in anderer Weise als im Wege der Übertragung auf Ortsgerichte neu geregelt werden.

Mit dem Ortsgerichte kann unter Zustimmung des Kommunallandtags, im Bezirke des vormaligen Justizsenats zu Ehrenbreitstein unter Zustimmung des Provinziallandtags, durch Königliche Verordnung das Amt des Gemeindewaisenrats sowie das Amt des Schiedsmanns verbunden werden.

Art. 125. In Ostfriesland und Harlingerland sowie im Regierungsbezirk Osnabrück können zur Vornahme und Beurkundung freiwilliger öffentlicher Versteigerungen besondere Beamte (beeidigte Auktionatoren) angestellt werden.

Art. 126. Der Justizminister kann über das Verfahren, welches die in diesem Abschnitte bezeichneten Behörden und Beamten in den Angelegenheiten der freiwilligen Gerichtsbarkeit zu beobachten haben, allgemeine Bestimmungen treffen.

Die Vorschriften über die dienstliche Stellung der im Art. 125 bezeichneten beeidigten Auktionatoren, über das von ihnen zu beobachtende Verfahren sowie über die Höhe ihrer Gebühren werden von dem Justizminister und dem Minister für Handel und Gewerbe getroffen.

Art. 127. Für die Landesteile, in welchen die Vorschriften der Allgemeinen Gerichtsordnung über die Aufnahme gerichtlicher Taxen nicht gelten, kann durch Königliche Verordnung die Aufnahme von Taxen einer Behörde übertragen, für die Abschätzung von Grundstücken auch bestimmt werden, daß sie durch staatlich anzustellende Sachverständige zu erfolgen hat. Das Verfahren sowie die Höhe der Gebühren ist von den zuständigen Ministern zu regeln.

Eine in Gemäßheit der Vorschriften des Abs. 1 aufgenommene Taxe steht einer gerichtlichen Taxe gleich.

Achter Abschnitt.

Schlußbestimmungen.

Art. 128. Der Justizminister kann über das Verfahren bei der Aufnahme eines Vermögensverzeichnisses, insbesondere eines Nachlaßinventars, über das Verfahren bei der Sicherung eines Nachlasses sowie über das Verfahren bei einer aus einem anderen

Anlaß erfolgenden Siegelung oder Entsiegelung allgemeine Bestimmungen treffen.

Art. 129. In dem Gesetze, betreffend die Befugnis der Auditeure zur Aufnahme von Akten der freiwilligen Gerichtsbarkeit usw., vom 8. Juni 1860 (GS. S. 240) werden der § 3 Abs. 2 und der § 11 Satz 2 gestrichen.*)

Art. 130. Das Ausführungsgesetz zum Deutschen Gerichtsverfassungsgesetze vom 24. April 1878 (GS. S. 230) wird dahin geändert:

I. Die §§ 25, 28, 30 bis 32, 40, 51 bis 56, 69, der § 70 Abs. 2, der § 74 Abs. 2 und die §§ 75, 106 bis 109 fallen weg.

II. bis XI. . . .**)

Art. 131. Der § 5 des Gesetzes, betreffend die Dienstverhältnisse der Gerichtsschreiber,***) vom 3. März 1879 (GS. S. 99) erhält folgende Fassung:

Die Gerichtsschreibergehilfen sind zur Wahrnehmung der Gerichtsschreibergeschäfte befähigt.

Zur Erteilung von vollstreckbaren Ausfertigungen und von Zeugnissen, welche sich auf die Rechtskraft der Urteile beziehen, zur Aufnahme

*) § 3 des Gesetzes vom 8. Juni 1860 ist jetzt vollständig beseitigt; vgl. Gesetz vom 28. Mai 1901 § 8. § 11 betrifft die Aufbewahrung privilegierter militärischer Testamente und besteht in seinem ersten Satze fort; vgl. FGG. § 184 Anm. 6.

**) In Ziffer II bis XI sind die Änderungen der §§ 2, 20, 24, 39, 43, 49, 57, 74, 86, 87 des Ausführungsgesetzes zum Deutschen Gerichtskostengesetz aufgeführt.

***) „Gerichtsschreiber" ist jetzt durch „Urkundsbeamter der Geschäftsstelle" ersetzt. Gesetz vom 30. November 1927 (GS. S. 201).

eines Protokolls über Revisionsanträge und ihre Begründung in Strafsachen, sowie über weitere Beschwerden in Angelegenheiten der freiwilligen Gerichtsbarkeit, zur Aufnahme von Wechselprotesten und Vermögensverzeichnissen, zur Vornahme von Siegelungen und Entsiegelungen, sowie zu den Geschäften, welche dem Gerichtsschreiber bei der Führung des Grundbuchs und des Schiffsregisters obliegen, sollen jedoch außer in den Fällen einer notwendigen Aushilfe oder Vertretung nur solche Gerichtsschreibergehilfen verwendet werden, welche, abgesehen von der Erledigung der aktiven Dienstpflicht, die Vorbedingungen für die Anstellung als Gerichtsschreiber erfüllt haben. Das gleiche gilt für die Entgegennahme von Anmeldungen zu dem Vereinsregister, Güterrechtsregister, Handelsregister, Genossenschaftsregister, Musterregister und Börsenregister.

Art. 132. Der § 154 Abs. 2 des Gesetzes über die Zuständigkeit der Verwaltungs- und Verwaltungsgerichtsbehörden vom 1. August 1883 (GS. S. 237) wird aufgehoben.

Art. 133. In dem bisherigen Geltungsbereiche des Rheinischen Rechtes bleiben für die Geschäfte, die den Gerichten in Ansehung der bis zum 1. Januar 1876 geführten Standesregister obliegen, die Landgerichte zuständig. Der Justizminister kann jedoch anordnen, daß diese Geschäfte auf die Amtsgerichte übergehen.

Art. 134. Die Gebührenordnung für Notare vom 25. Juni 1895 (GS. S. 256) wird dahin geändert:

. . .*)

---

*) Die Änderungen sind durch die neue Fassung der Ge-

Art. 135. . . .*)

Art. 136, 137.**)

Art. 138. Soweit in Gesetzen auf Vorschriften verwiesen ist, welche durch dieses Gesetz außer Kraft gesetzt werden, treten an deren Stelle die entsprechenden neuen Vorschriften.

Art. 139. Soweit nach den Übergangsvorschriften anderer Gesetze die bisherigen Vorschriften noch künftig maßgebend sind, gilt das gleiche auch für die durch dieses Gesetz aufgehobenen oder abgeänderten Vorschriften.

Bis zu dem Zeitpunkt, in welchem das Grundbuch als angelegt anzusehen ist, bleiben in den im Art. 119 Abs. 1 Satz 2 bezeichneten Gebietsteilen die Vorschriften unberührt, welche die Mitwirkung der Ortsbehörden bei der Führung der öffentlichen Bücher über die Rechtsverhältnisse an Grundstücken, insbesondere die Zuständigkeit zur Beurkundung der darauf bezüglichen Rechtsgeschäfte, betreffen.

Die neuen Vorschriften über das Verfahren bei der Aufnahme gerichtlicher oder notarieller Urkunden kommen auch dann zur Anwendung, wenn für das beurkundete Rechtsverhältnis das bisherige Recht maßgebend bleibt. Das gleiche gilt von der Vorschrift, wonach die Amtsgerichte und die Notare in bezug

---

bührenordnung vom 25. Juli 1910 (GS. S. 233) gegenstandslos geworden.

*) Betraf die Ermächtigung des Justizministers zur Neufassung des Textes der Gebührenordnung und ist jetzt gegenstandslos.

**) Aufgehoben durch § 41 Nr. 77 des Gesetzes über die Aufhebung der Standesvorrechte des Adels vom 23. Juni 1920.

auf die Zuständigkeit zur Aufnahme von Urkunden einander gleichstehen.

Soweit nach den Übergangsvorschriften die Zuständigkeit von Ortsbehörden begründet bleibt, kann der Justizminister die Zuständigkeit auf andere Behörden oder Beamte übertragen. In diesem Falle findet die Vorschrift des Art. 126 Abs. 1 entsprechende Anwendung; der Justizminister kann über die zu erhebenden Kosten Bestimmungen treffen.

Art. 140. Für die Anfechtung einer Entscheidung, die vor dem Inkrafttreten des Bürgerlichen Gesetzbuchs erlassen ist, bleiben die bisherigen Vorschriften maßgebend; dies gilt auch dann, wenn nur die Entscheidung erster Instanz vor dem bezeichneten Zeitpunkt erfolgt ist.

Art. 141. Auf ein zur Zeit des Inkrafttretens des Bürgerlichen Gesetzbuchs anhängiges Verfahren nach den Art. 5, 6 des Einführungsgesetzes zum Handelsgesetzbuche vom 24. Juni 1861 (GS. S. 449) finden die Vorschriften des § 135 Abs. 2 Satz 2 und des § 136 des Reichsgesetzes über die Angelegenheiten der freiwilligen Gerichtsbarkeit Anwendung. Im übrigen bleiben die bisherigen Vorschriften maßgebend.

Art. 142. Die Berichtigung einer Eintragung in dem Standesregister erfolgt auch dann nach den Vorschriften des neuen Rechtes, wenn die Eintragung aus der Zeit vor dem 1. Januar 1876 herrührt.

Art. 143. In dem Oberlandesgerichtsbezirke Köln gelten für die bei dem Inkrafttreten dieses Gesetzes im Amte befindliche Notare die Vorschriften des Art. 102 Abs. 1 mit folgender Maßgabe:

Der aus dem Amte ausscheidende oder in einen anderen Amtsgerichtsbezirk versetzte Notar kann bis zum Ablaufe von drei Monaten nach dem Tage des Ausscheidens oder der Versetzung dem Amtsgerichte seines bisherigen Amtssitzes zur weiteren Aufbewahrung der Papiere einen Notar bezeichnen, der in dem Bezirke dieses Gerichts seinen Amtssitz hat. Die gleiche Befugnis steht im Falle des Todes eines Notars den Erben zu. Das Amtsgericht hat die Papiere dem ihm bezeichneten Notar zu übergeben.

Auf Grund der Vorschriften des vorigen Absatzes kann die Übergabe der Papiere an einen anderen Notar nur einmal verlangt werden. Im Falle des Ausscheidens, der Versetzung oder des Todes des anderen Notars findet die Abgabe der diesem auf Grund der Vorschriften des vorigen Absatzes übergebenen Papiere an einen anderen Notar nicht statt.

Art. 144. Die nachstehenden Vorschriften werden, soweit sie nicht schon infolge Reichsgesetzes außer Kraft treten, unbeschadet der Übergangsvorschriften, aufgehoben:

1. Teil 1 Titel 44 bis 46, 52, Teil 2 Titel 1 bis 5, Teil 3 Titel 7 der Allgemeinen Gerichtsordnung für die preußischen Staaten, Teil 1 Titel 46 jedoch nur insoweit, als er sich nicht auf die Auseinandersetzung zwischen einem Lehns- oder Fideikommißfolger und den Allodialerben seines Vorbesitzers bezieht;
2. die Art. 203, 812 bis 818, 839 bis 853, 855 bis 864, 907 bis 944, 986 bis 1002, 1040 des code de procédure civile, die Art. 844, 845, 1040 jedoch nur für das Gebiet der freiwilligen Gerichtsbarkeit;

3. die Art. 16 bis 19, 37 bis 46 des französischen Dekrets über die Erhaltung und Verwaltung der Güter der Geistlichkeit vom 6. November 1813;
4. die Vorschriften des gemeinen Rechts über die Exemplifikation oder Innovation von Urkunden;
5. die §§ 1 bis 8, 10 bis 31 der Hannoverschen Verordnung über das Verbot aller Privateide usw. vom 28. Dezember 1821 (Hannov. GS. 1822 Abt. I S. 43), die §§ 17 bis 20 und die §§ 28 bis 31 jedoch nur insoweit, als sie sich nicht auf Lehen oder Fideikommisse beziehen;
6. die Verordnung und Taxordnung für die Notarien in den Niederrheinischen Provinzen vom 25. April 1822 (GS. S. 109) sowie der § 67 des Gesetzes, betreffend die Dienstvergehen der nicht richterlichen Beamten usw., vom 21. Juli 1852 (GS. S. 465);
7. die Vorschriften des Rheinischen Rechtes über die Einregistrierung von Urkunden;
8. für das Gebiet der vormals Freien Stadt Frankfurt die sich auf die Rechtsmittel in Angelegenheiten der freiwilligen Gerichtsbarkeit beziehenden Vorschriften der Gerichtsordnung für das gemeinsame Oberappellationsgericht der vier Freien Städte Deutschlands (Bekanntmachung vom 23. August 1831; Frankf. Gesetz- und Statuten-Samml. Bd. 4 S. 229, 231) und des Gesetzes über das Verfahren in bürgerlichen Rechtssachen vom 7. November 1848 (Gesetz- und Statuten-Samml. Bd. 8 S. 282) sowie der § 11 des Gesetzes über das Fiskalat vom 3. Dezember 1861 (Gesetz- und Statuten-Samml. Bd. 15 S. 79);
9. die Kabinettsorder über die Vidimation der

Urkunden und die Abzweigung der Schulddokumente vom 6. November 1834 (GS. S. 180);

10. die Versteigerungsordnung für Ostfriesland und Harlingerland vom 16. Dezember 1834 (Hannov. GS. Abt. III S. 245) sowie die ergänzenden und abändernden Gesetze vom 10. Januar 1840 (Hannov. GS. Abt. III S. 51), vom 26. Juli 1841 (Hannov. GS. Abt. III S. 79), vom 27. Dezember 1842 (Hannov. GS. Abt. III S. 115) und vom 24. März 1897 (GS. S. 103);

11. die Versteigerungsordnung für den Landdrosteibezirk Osnabrück vom 14. Juli 1838 (Hannov. GS. Abt. III S. 149) mit Ausnahme des Art. 3 Abs. 3, soweit er sich auf die Befugnis der Magistrate bezieht, Sachen der Stadt oder des Fleckens an den Meistbietenden zu verkaufen oder zu verpachten;

12. die Verordnung, betreffend das Verfahren bei freiwilligen Subhastationen, vom 6. April 1839 (GS. S. 125);

13. die Kabinettsorder, betreffend Siegelanlage bei dem Ableben eines Beamten im Bezirke des Appellationsgerichts zu Köln, vom 14. Juli 1843 (GS. S. 321);

14. für das Jadegebiet die Oldenburgische Auktionator- und Vergantungsordnung vom 14. Mai 1844 (Oldenb. GS. 1845 S. 278);

15. das Gesetz über das Verfahren bei Aufnahme von Notariatsinstrumenten vom 11. Juli 1845 (GS. S. 487);

16. die §§ 457, 458 der Hannoverschen Bürgerlichen Prozeßordnung vom 8. November 1850 (Hannov. GS. Abt. I S. 341);

17. die Hannoversche Notariatsordnung vom 18. September 1853 (Hannov. GS. Abt. I S. 345);
18. die §§ 6 bis 8 und der § 11 Nr. 4 des Gesetzes, betreffend die Geschäftssprache der Behörden, Beamten und politischen Körperschaften des Staates, vom 28. August 1876 (GS. S. 389), die §§ 6 bis 8 jedoch nur insoweit, als es sich um ihre Anwendung auf die ordentlichen Gerichte handelt;
19. das Gesetz, enthaltend Bestimmungen über das Notariat, vom 8. März 1880 (GS. S. 177);
20. das Gesetz, betreffend das Teilungsverfahren und den gerichtlichen Verkauf von Immobilien im Geltungsbereiche des Rheinischen Rechtes, vom 22. Mai 1887 (GS. S. 136) sowie der § 16 des Ausführungsgesetzes zur Deutschen Konkursordnung vom 6. März 1879 (GS. S. 109);
21. das Gesetz, betreffend die Vereinigung der Rechtsanwaltschaft und des Notariats im Geltungsbereiche des Rheinischen Rechtes, vom 13. April 1888 (GS. S. 72);
22. das Gesetz, enthaltend Bestimmungen über das Notariat und über die gerichtliche oder notarielle Beglaubigung von Unterschriften oder Handzeichen, vom 15. Juli 1890 (GS. S. 229).

Art. 145. Dieses Gesetz tritt gleichzeitig mit dem Bürgerlichen Gesetzbuch in Kraft.

Die Vorschrift des Art. 135 tritt mit der Verkündung in Kraft.

b) Auszug aus dem preußischen Ausführungsgesetz zum Deutschen Gerichtsverfassungsgesetz.

Vom 24. April 1878 (GS. S. 230).

Erster Titel. Richteramt.

§ 2. Referendare, welche im Vorbereitungsdienste seit mindestens einem Jahr und drei Monaten beschäftigt sind, können im Falle des Bedürfnisses durch die Justizverwaltung mit der zeitweiligen Wahrnehmung richterlicher Geschäfte bei den Amtsgerichten beauftragt werden.

Denselben kann nach näherer Anordnung der Justizverwaltung durch den Amtsrichter, welchem sie zur Ausbildung überwiesen sind, die Erledigung einzelner richterlicher Geschäfte übertragen werden.

Zur Urteilsfällung, zur Beurkundung einer Verfügung von Todes wegen, zur Beurkundung eines Ehevertrags, zur Entscheidung über Durchsuchungen, Beschlagnahmen und Verhaftungen, sowie zu den Geschäften des Amtsrichters bei Bildung der Schöffengerichte und Schwurgerichte sind Referendare nicht befähigt.

Zweiter Titel. Gerichtsbarkeit.

§ 20. In den durch Landesgesetz den ordentlichen Gerichten übertragenen Angelegenheiten erfolgt die Bestimmung des örtlich zuständigen Gerichts, soweit nicht die Vorschriften der deutschen Prozeßordnungen Anwendung finden, durch das gemeinschaftliche obere Gericht, wenn Streit oder Ungewißheit darüber besteht, welches von mehreren Gerichten örtlich zuständig ist, oder wenn ein gemeinschaftlicher Gerichtsstand zu bestellen ist. In Ermangelung eines gemeinschaftlichen oberen Gerichts erfolgt die Bestimmung durch den Justizminister.

Ist das zuständige Gericht in einem einzelnen Falle an der Ausübung des Richteramts rechtlich oder tatsächlich verhindert, so erfolgt die Bestimmung des örtlich zuständigen Gerichts durch das zunächst höhere Gericht, in Ermangelung eines solchen durch den Justizminister.

Eine Anfechtung der Entscheidung findet nicht statt.

Im Sinne der Vorschriften der Abs. 1, 2 gilt als das dem Landgericht im Instanzenzuge vorgeordnete Gericht das Oberlandesgericht, zu dessen Bezirke das Landgericht gehört.

Dritter Titel. Amtsgerichte.

§ 24. Mehrere Richter desselben Amtsgerichts vertreten sich wechselseitig in der durch das Präsidium des Landgerichts im voraus bestimmten Reihenfolge.

Die Vertretung der Amtsrichter durch Richter benachbarter Amtsgerichte kann von der Justizverwaltung im voraus angeordnet werden. Eine solche Anordnung muß erfolgen bei Amtsgerichten, welche nur mit einem Richter besetzt sind. Diese Vertretung erstreckt sich nicht auf den Fall der rechtlichen Verhinderung eines Richters in Angelegenheiten, auf welche der § 36 der Deutschen Zivilprozeßordnung oder der § 15 der Deutschen Strafprozeßordnung Anwendung findet.

Angelegenheiten, auf welche die bezeichneten Vorschriften der deutschen Prozeßordnungen keine Anwendung finden, können, wenn die Vertretung nicht durch Richter desselben Amtsgerichts erfolgen kann, von dem Landgericht einem anderen Amtsgerichte zugewiesen werden.

§ 26. Die Amtsgerichte sind zuständig für die Angelegenheiten, welche bisher durch Einzelrichter zu erledigen waren.

Folgende Angelegenheiten gehören zur Zuständigkeit der Amtsgerichte auch insoweit, als sie bisher durch die Kollegialgerichte erster Instanz zu erledigen waren:

1. das Verlassenschaftswesen, einschließlich der Ausstellung gerichtlicher Erbbescheinigungen;
2. die Vollziehung, Beurkundung und Bestätigung von Handlungen der nicht streitigen Gerichtsbarkeit, einschließlich der Dispensation von Veräußerungsverboten.

§ 29. Die den Gerichten zustehende Verwaltung oder Beaufsichtigung von Stiftungen liegt den Amtsgerichten ob. Durch den Justizminister kann das Landgericht oder das Oberlandesgericht mit der Verwaltung oder Beaufsichtigung beauftragt werden.

Fünfter Titel. Landgerichte.

§ 41. Soweit nicht andere Bestimmungen getroffen sind, gehören zur Zuständigkeit der Landgerichte alle Angelegenheiten, für welche bisher die aufgehobenen Kollegialgerichte erster Instanz zuständig waren.

Die Vorschriften über die Erledigung einzelner Geschäfte durch den Präsidenten oder den Urkundsbeamten der Geschäftsstelle bleiben in Kraft.

§ 42. Die in diesem Gesetze den Landgerichten zugewiesenen Angelegenheiten werden von den Zivilkammern erledigt.

§ 43. Die gerichtliche Beglaubigung amtlicher Unterschriften zum Zwecke der Legalisation im diplomatischen Wege erfolgt durch den Präsidenten des

Landgerichts; sie kann von dem Justizminister auch dem zur Führung der Aufsicht bei einem Amtsgerichte berufenen Richter übertragen werden.

Achter Titel. Oberlandesgerichte.

§ 49. Zur Zuständigkeit der Oberlandesgerichte gehören:

1. alle Angelegenheiten, für welche bisher die Appellationsgerichte als Gerichte erster Instanz zuständig waren, vorbehaltlich der in dem § 29 enthaltenen Vorschriften;
2. die bisher zur Zuständigkeit des Kreisgerichts in Ratzeburg gehörigen Familienfideikommißsachen und die Lehnssachen in Schleswig;
3. die Verhandlung und Entscheidung über die Rechtsmittel in den Angelegenheiten, welche nach den Vorschriften dieses Gesetzes in erster Instanz zur Zuständigkeit der Landgerichte gehören.

§ 57. Die in den §§ 20, 29, 49, 87, 93, 94 den Oberlandesgerichten zugewiesenen Angelegenheiten werden von den Zivilsenaten erledigt.

Zehnter Titel. Urkundsbeamter der Geschäftsstelle.*)

§ 70. Die Urkundsbeamten der Geschäftsstelle bei den Amtsgerichten sind zuständig, Wechselproteste aufzunehmen sowie Siegelungen, Entsiegelungen und Inventuren vorzunehmen. Sie sollen sich solchen Geschäften nur auf Anordnung des Richters unterziehen.

§ 71. Die Urkundsbeamten der Geschäftsstelle bei den Amtsgerichten sind verpflichtet, in gerichtlichen

*) Fassung gemäß Gesetz vom 30. November 1927.

Angelegenheiten, welche von den Deutschen Prozeßordnungen nicht betroffen werden, Gesuche zu Protokoll zu nehmen. Das Protokoll ist erforderlichenfalls der zuständigen Stelle zu übersenden.

Elfter Titel. Gerichtsvollzieher.

§ 74. Die Gerichtsvollzieher sind zuständig:

1. Wechselproteste aufzunehmen;
2. freiwillige Versteigerungen von Mobilien, von Früchten auf dem Halm und von Holz auf dem Stamme vorzunehmen;
3. Siegelungen, Entsiegelungen und Inventuren im Auftrage des Gerichts oder des Konkursverwalters vorzunehmen;
4. das tatsächliche Angebot einer Leistung zu beurkunden;
5. öffentliche Verpachtungen an den Meistbietenden im Auftrage des Gerichts vorzunehmen.

§ 76. Die Vorschriften des § 156 des Deutschen Gerichtsverfassungsgesetzes finden in den durch die Deutschen Prozeßordnungen nicht betroffenen Angelegenheiten entsprechende Anwendung.

Zwölfter Titel. Justizverwaltung.

§ 86. Sachverständige für gerichtliche Angelegenheiten im allgemeinen zu beeidigen, ist Sache der Justizverwaltung. Das gleiche gilt für die Ausstellung von Zeugnissen über das in Preußen geltende Recht.

Dreizehnter Titel. Rechtshilfe.

§ 87. Die Gerichte haben sich in den Angelegenheiten, welche zu der ordentlichen streitigen Gerichtsbarkeit nicht gehören, Rechtshilfe zu leisten. Die

Leistung der Rechtshilfe erfolgt unter entsprechender Anwendung der Vorschriften der §§ 158 bis 160, 162, 164, 167 des Deutschen Gerichtsverfassungsgesetzes. Eine Anfechtung der Entscheidung des Oberlandesgerichts findet in keinem Falle statt.

Über Beschwerden anderer als gerichtlicher Behörden wegen einer vom Gerichte verweigerten Beistandsleistung entscheiden die Oberlandesgerichte; eine Anfechtung dieser Entscheidungen findet nicht statt.

Vierzehnter Titel. Öffentlichkeit und Sitzungspolizei.

§ 88. Die Vorschriften der §§ 177 bis 185 des Deutschen Gerichtsverfassungsgesetzes über die Aufrechterhaltung der Ordnung finden in gerichtlichen Angelegenheiten, welche zu der ordentlichen streitigen Gerichtsbarkeit nicht gehören, entsprechende Anwendung. Sofern in diesen Angelegenheiten eine mündliche Verhandlung nach Vorschrift der Deutschen Prozeßordnungen stattfindet, erfolgt dieselbe öffentlich nach den Bestimmungen der §§ 170 bis 176 des Deutschen Gerichtsverfassungsgesetzes. Vorstehende Bestimmungen finden auf die zur Zuständigkeit der Auseinandersetzungsbehörden gehörigen Angelegenheiten keine Anwendung.

Fünfzehnter Titel. Beratung und Abstimmung.

§ 90. In gerichtlichen Angelegenheiten, welche zu der ordentlichen streitigen Gerichtsbarkeit nicht gehören, erfolgt die Beratung und Abstimmung nach den Vorschriften der §§ 194 bis 199 des Deutschen Gerichtsverfassungsgesetzes.

Sechzehnter Titel. Gerichtsferien.

§ 91. Auf die Angelegenheiten der nicht streitigen Gerichtsbarkeit sind die Gerichtsferien ohne Einfluß. Die Bearbeitung der Vormundschaftssachen, Nachlaßsachen, Lehns-, Familienfideikommiß- und Stiftungssachen kann während der Ferien unterbleiben, soweit das Bedürfnis einer Beschleunigung nicht vorhanden ist.

Im übrigen finden die Vorschriften der §§ 202 bis 204 des Deutschen Gerichtsverfassungsgesetzes hinsichtlich der durch dieses Gesetz den ordentlichen Gerichten zugewiesenen Angelegenheiten, sowie hinsichtlich der zur Zuständigkeit des Geheimen Justizrats gehörigen Angelegenheiten entsprechende Anwendung.

---

c) Auszug aus dem preußischen Ausführungsgesetz zum Bürgerlichen Gesetzbuch.

Vom 20. September 1899 (GS. S. 177).

Beurkundung von Grundstücksveräußerungen.

Art. 12.

§ 2. Wird bei einem Vertrage, durch den sich der eine Teil verpflichtet, das Eigentum an einem in Preußen liegenden Grundstücke zu übertragen, einer der Vertragschließenden durch eine öffentliche Behörde vertreten, so ist für die Beurkundung des Vertrags außer den Gerichten und Notaren auch der Beamte zuständig, welcher von dem Vorstande der zur Vertretung berufenen Behörde oder von der vorgesetzten Behörde bestimmt ist.

§ 3. In dem vormaligen Herzogtume Nassau sind an Orten, die nicht Sitz eines Amtsgerichts sind, auch die Bürgermeister zuständig, Kauf- und Tauschverträge über Grundstücke ihres Amtsbezirkes zu beurkunden, wenn der Kaufpreis oder der Wert der eingetauschten Gegenstände nicht mehr als fünfhundert Reichsmark *) beträgt.

§ 4. Auf die Beurkundung, die ein nach den §§ 2, 3 zuständiger Beamter vornimmt, finden die Vorschriften des § 168 Satz 2 und der §§ 169 bis 180 des Reichsgesetzes über die Angelegenheiten der freiwilligen Gerichtsbarkeit, des § 191 des Gerichtsverfassungsgesetzes und des Art. 41 des Preußischen Gesetzes über die freiwillige Gerichtsbarkeit entsprechende Anwendung. Ist nach diesen Vorschriften ein Dolmetscher zuzuziehen, so kann die erforderliche Beeidigung des Dolmetschers durch den beurkundenden Beamten erfolgen.

Erklärungen über den Familiennamen.

Art. 68.

§ 1. Für die Entgegennahme und die öffentliche Beglaubigung der im § 1577 Abs. 2, 3 des Bürgerlichen Gesetzbuchs bezeichneten Erklärungen über den Namen einer geschiedenen Frau ist, wenn die geschiedene Ehe vor einem preußischen Standesbeamten geschlossen war, dieser zuständig. Anderenfalls ist für die Entgegennahme das Amtsgericht zuständig, in dessen Bezirke der Erklärende seinen Wohnsitz oder seinen gewöhnlichen Aufenthalt hat; das Gericht soll die Erklärung dem Standesbeamten, vor welchem die Ehe geschlossen war, mitteilen.

Die Erklärung ist am Rande der über die Eheschließung bewirkten Eintragung zu vermerken.

*) Verordnung vom 2. Juli 1926.

§ 2. Für die Entgegennahme und die öffentliche Beglaubigung der Erklärung, durch welche der Ehemann der Mutter eines unehelichen Kindes diesem seinen Namen erteilt, sowie der Einwilligungserklärungen des Kindes und der Mutter ist, wenn die Geburt des Kindes im Geburtsregister eines preußischen Standesbeamten eingetragen ist oder wenn die Erklärung bei der Eheschließung vor einem preußischen Standesbeamten erfolgt, der Standesbeamte zuständig. Anderenfalls ist für die Entgegennahme das Amtsgericht zuständig, in dessen Bezirke der Ehemann seinen Wohnsitz oder seinen gewöhnlichen Aufenthalt hat.

Erfolgt die Erklärung über die Erteilung des Namens nicht gegenüber dem Standesbeamten, in dessen Geburtsregister der Geburtsfall eingetragen ist, so soll die zuständige Behörde sie dem Standesbeamten mitteilen.

Die Erklärung ist am Rande der über den Geburtsfall bewirkten Eintragung zu vermerken.

§ 3. Die Befugnis des Standesbeamten erstreckt sich nicht auf die Beglaubigung eines Handzeichens.

Anerkennung der Vaterschaft.

Art. 70.

Für die Aufnahme der im § 1718 und im § 1720 Abs. 2 des Bürgerlichen Gesetzbuchs vorgesehenen öffentlichen Urkunden über die Anerkennung der Vaterschaft ist der Standesbeamte, welcher die Geburt des Kindes oder die Eheschließung seiner Eltern beurkundet hat, auch dann zuständig, wenn die Anerkennung der Vaterschaft nicht bei der Anzeige der Geburt oder bei der Eheschließung erfolgt.

Beantragt bei einer vor dem Gericht oder einem Notar erfolgenden Anerkennung der Erklärende die Beischreibung eines Vermerkes im Geburtsregister, so hat das Gericht oder der Notar die Erklärung und den Antrag dem zuständigen Standesbeamten mitzuteilen.

---

d) Auszug aus der preußischen Allgemeinen Verfügung vom 1. Februar 1910 über die von Amts wegen zu bewirkenden Zustellungen und Bekanntmachungen.

(JMBl. S. 43.)

§ 2. 1. In Angelegenheiten der freiwilligen Gerichtsbarkeit wird die Bekanntmachung gerichtlicher Verfügungen, soweit sie nicht zu Protokoll erfolgt, in denjenigen Fällen, in welchen mit der Bekanntmachung nicht der Lauf einer Frist beginnt, in der Regel durch Übersendung mittels einfachen Briefes oder durch Behändigung ohne Beurkundung zur Ausführung gebracht (vgl. § 3). Sind der Verfügung wichtige Urkunden (z. B. Wechsel, Hypothekenbriefe, Testamentsausfertigungen u. dergl.) beigegeben, so ist bei Übersendung durch die Post der Brief mit der Bezeichnung „Einschreiben", geeignetenfalls „gegen Rückschein" zu versehen; die Behändigung durch einen Gerichtsdiener erfolgt in diesem Falle gegen Empfangsbescheinigung.

2. Die Behörde, welche die Bekanntmachung veranlaßt, kann anordnen, daß die Bekanntmachung durch Zustellung erfolgt, wenn dies nach Lage der Umstände angezeigt erscheint, wie z. B. bei Ladungen

oder in anderen Fällen, in denen an die Nichtbefolgung der Verfügung Nachteile geknüpft sind. Auch kann die Übersendung mittels eingeschriebenen Briefes oder die Aushändigung gegen Empfangsbescheinigung in anderen als den im ersten Absatze bezeichneten Fällen angeordnet werden.

3. In jedem Falle, in welchem die Bekanntmachung nicht durch Zustellung erfolgt, ist zu den Akten zu vermerken, in welcher Weise, an welchem Orte und an welchem Tage die Bekanntmachung zur Ausführung gebracht ist. Die Vermerke können unter Benutzung eines Stempels hergestellt werden und sind vom Gerichtsschreiber mit dem Namenszeichen zu versehen.

---

e) Auszug aus der Entlastungsverfügung vom 28. Mai 1923.

(JMBl. 1928 S. 140.)

I. Allgemeine Bestimmungen.

§ 1. (1) Einfachere Geschäfte der Richter bei den ordentlichen Gerichten und den Arbeitsgerichten sowie der Staatsanwälte können nach Maßgabe dieser Verfügung durch Beamte, welche die in § 1 des Gesetzes vom 18. Dezember 1927 (GS. S. 209) vorgesehene Prüfung bestanden haben oder nach § 4 daselbst diesen Beamten gleichstehen, als Rechtspfleger selbständig wahrgenommen werden.

(2) Die dienstliche Stellung dieser Beamten und ihre Pflicht zur Wahrnehmung der Bürogeschäfte bleiben unberührt; insbesondere bleiben die Bestim-

mungen der AV. vom 9. November 1910 (JMBl. S. 393) in Kraft.

(3) Den in Abs. 1 bezeichneten Beamten stehen gleich:

1. Beamte, die im richterlichen Vorbereitungsdienst mindestens sechs Monate beschäftigt gewesen sind (Abschnitt V der AV. vom 1. Februar 1928 — JMBl. S. 44 —);
2. Ruhegehalts- und Wartegeldempfänger, die als Bürohilfsarbeiter beschäftigt werden und den in Abs. 1 bezeichneten Beamten in ihrer letzten Stellung im Justizdienst angehörten;
3. bei den Arbeitsgerichten auch die Beamten des schwierigen Bürodienstes, die den Erfordernissen der §§ 1 und 4 des Gesetzes vom 18. Dezember 1927 nicht entsprechen.

§ 2. (1) Die selbständige Wahrnehmung richterlicher oder staatsanwaltlicher Geschäfte durch Rechtspfleger erfolgt nur insoweit, als für die betreffende Behörde eine Entlastung der Richter oder Staatsanwälte angeordnet ist.

(2) Eine Entlastung soll angeordnet werden, soweit sie sich bei Prüfung der örtlichen Verhältnisse als zweckmäßig erweist. Bei dieser Prüfung ist auf alle persönlichen und geschäftlichen Verhältnisse Rücksicht zu nehmen, insbesondere auch darauf, daß das Vertrauensverhältnis des Richters zur Bevölkerung, zumal bei kleineren Gerichten, nicht beeinträchtigt wird, ferner darauf, ob und inwieweit bisher eine Entlastung auf Grund der Nr. 6 der AV. vom 9. November 1910 stattgefunden hat. Eine volle oder beschränkte Entlastung kann auch für einen bestimmten Zeitraum (z. B. aus Anlaß einer vorübergehenden

Steigerung richterlicher Geschäfte, einer Verhinderung des Richters, der Gerichtsferien) angeordnet werden. Sie kann auch, wenn die Voraussetzungen fortfallen, aufgehoben oder eingeschränkt werden.

(3) Wird eine Entlastung angeordnet, so gelten in den Grenzen dieser Anordnung die in den §§ 15, 16, 18, 19, 20, 23, 27, 31, 32 als geeignet bezeichneten sowie die von den Landgerichtspräsidenten (dem Amtsgerichtspräsidenten) auf Grund der §§ 21, 24, 28, 32 bezeichneten Geschäfte als übertragen.

§ 3. Für die in § 2 vorgesehene Anordnung ist der Landgerichtspräsident (Amtsgerichtspräsident) und, soweit sie ein Oberlandesgericht betrifft, der Oberlandesgerichtspräsident zuständig; in Ansehung der der Staatsanwaltschaft bei dem Landgericht zustehenden Strafvollstreckung steht sie dem Oberstaatsanwalt, beim Landgericht I Berlin dem Generalstaatsanwalt bei diesem Gericht, in Ansehung der der Staatsanwaltschaft bei den Oberlandesgerichten zustehenden Strafvollstreckung steht sie dem Generalstaatsanwalt bei dem Oberlandesgericht zu; in Ansehung der Wahrnehmung der dem Amtsrichter zustehenden Geschäfte der Strafvollstreckung durch den Amtsanwalt erfolgt die Anordnung durch den Oberstaatsanwalt im Einvernehmen mit dem Landgerichtspräsidenten (Amtsgerichtspräsidenten).

§ 4. (1) Soweit eine Entlastung angeordnet ist, erfolgt die selbständige Wahrnehmung der übertragenen Geschäfte nach Maßgabe der Geschäftsverteilung.

(2) Bei der Regelung der Geschäftsverteilung ist darauf Rücksicht zu nehmen, daß die zur Wahrnehmung von Geschäften der Richter oder Staatsanwälte berufenen Beamten nicht nur nach ihrer theoretischen Ausbildung, sondern auch nach ihrer in praktischer

Betätigung gewonnenen Erfahrung dazu befähigt sind.

§ 5. (1) Auch wenn eine Entlastung angeordnet ist, sind die Eingänge, welche richterliche Geschäfte betreffen, einschließlich der Protokolle und Vermerke über mündliche Erklärungen dem Richter vorzulegen, soweit nicht in den §§ 15 bis 32 etwas anderes angeordnet ist; der Oberlandesgerichtspräsident (Generalstaatsanwalt) kann nach näherer Anordnung des Justizministers bestimmen, inwieweit darüber hinaus eine Vorlegung zu unterbleiben hat.

(2) Mit Rücksicht auf die Ausbildung der Referendare kann der Richter oder Staatsanwalt auch bei solchen Eingängen die Vorlegung anordnen, bei denen sie nach Abs. 1 nicht erforderlich ist.

§ 6. (1) Soweit die Eingänge dem Richter oder Staatsanwalt vorzulegen sind, kann sich dieser die Erledigung der übertragenen Geschäfte im Einzelfalle ganz oder teilweise vorbehalten. Der Vorbehalt soll, soweit nicht die Ausbildung der Referendare ein anderes erfordert, nicht erfolgen, soweit es sich um ein einfacheres Geschäft handelt. Der Vorbehalt soll erfolgen, soweit dies in den §§ 26, 29 und 32 bestimmt ist, im übrigen, wenn nach pflichtmäßigem Ermessen des Richters oder Staatsanwalts die Sache wegen rechtlicher Schwierigkeit oder wegen tatsächlicher Verwicklung oder wegen der großen Tragweite der Entscheidung nicht zu den Geschäften einfacherer Art gehört. Der Richter oder Staatsanwalt kann auch, soweit eine Vorlegung der Eingänge nicht zu erfolgen hat, sich ausnahmsweise die Erledigung im Einzelfalle vorbehalten.

(2) Der Vorbehalt ist zulässig bei Entscheidungen, bis sie wirksam geworden sind, im übrigen, bis das übertragene Geschäft vorgenommen ist.

(3) Der Richter oder Staatsanwalt darf sich bei Prüfung der Frage, ob das Geschäft zu den übertragenen gehört sowie ob ein Vorbehalt erfolgen soll, auf die Einsichtnahme des Eingangs mit eingereichten Urkunden beschränken, es sei denn, daß sich aus ihnen ein Anlaß zu Zweifeln ergibt; bestehen hiernach keine Bedenken gegen die selbständige Wahrnehmung des Geschäftes durch den Rechtspfleger, so ist der Richter oder Staatsanwalt für dessen Ausführung nicht verantwortlich.

§ 7. (1) Ist ein Geschäft wegen einer Rechtsfrage als schwieriger anzusehen, so kann der Richter oder Staatsanwalt bestimmen, wie zu der Rechtsfrage (z. B. Legitimation) Stellung zu nehmen ist, und im übrigen von dem Vorbehalt absehen; diese Bestimmung ist für den Rechtspfleger bindend. Der Richter oder Staatsanwalt kann auch anordnen, daß der Rechtspfleger ihm die Sache mit einem Entwurfe vorlege.

(2) Die Bestimmungen des Abs. 1 finden auch bei den Geschäften Anwendung, die nach den §§ 22, 30 dem Richter vorbehalten sind oder die der Richter nach den §§ 26, 29, 32 sich vorbehalten soll. Wird nach Abs. 1 Satz 1 verfahren, so gilt auch ein auf Grund der §§ 22, 30 dem Richter vorbehaltenes Geschäft als übertragen.

(3) Im Falle des Abs. 1 Satz 1 liegt dem Rechtspfleger die weitere Bearbeitung der Sache nach Maßgabe der Verfügung ob. Innerhalb der durch die Verfügungen des Richters oder Staatsanwalts bestimmten Grenzen handelt der Rechtspfleger selbständig.

§ 8. (1) Soweit eine Vorlegung der Eingänge zu erfolgen hat, macht der Richter aktenkundig, daß die Eingänge vorgelegt worden sind, und zwar:

a) bei den übertragenen Sachen, die er sich nicht vorbehalten will, durch ein „Gesehen" oder „Ges.",

b) bei übertragenen Sachen, die er sich vorbehalten will, und bei nicht übertragenen Sachen durch ein „V." (Vorbehalt).

(2) Den Vermerken ist die Unterschrift oder das Namenszeichen mit Tagesangabe beizufügen.

§ 9. (1) Der Rechtspfleger soll die ihm übertragenen Sachen dem Richter oder Staatsanwalt vorlegen,

a) wenn sich bei ihrer Bearbeitung rechtliche Schwierigkeiten ergeben,

b) wenn er von einer ihm bekannten Stellungnahme des Richters oder Staatsanwalts abweichen will,

c) wenn sich ergibt, daß der Richter sie sich gemäß §§ 26, 29, 32 vorbehalten soll,

d) wenn sich in Grundbuchsachen bei Prüfung eines Eintragungsantrags oder -ersuchens ergibt, daß bereits ein oder mehrere noch nicht erledigte Eintragungsanträge oder -ersuchen vorliegen,

e) wenn die Änderung einer Entscheidung oder Verfügung des Rechtspflegers verlangt wird,

f) wenn eine Mitteilung oder Anfrage an eine ausländische Behörde oder ein Bericht an das Justizministerium erforderlich wird.

(2) Der Richter oder Staatsanwalt kann in den Fällen a bis d auch nach § 7 Abs. 1 verfahren.

§ 10. Der Rechtspfleger ist nicht befugt:

a) zur Beurkundung der Verfügungen von Todes wegen und der Eheverträge;

b) zur Androhung und Verhängung von Ordnungsstrafen; ist eine durch richterliche Maßnahmen erzwingbare Handlung trotz zweimaliger Fristsetzung oder Aufforderung von dem Verpflichteten nicht vorgenommen, so ist die Sache dem Richter vorzulegen;

c) zur Niederschlagung von Gerichtskosten.

§ 11. Zur Entscheidung über ein Armenrechtsgesuch ist der Rechtspfleger nur dann befugt, wenn das Gesuch ausschließlich ein übertragenes Geschäft (z. B. ausschließlich die Erlassung eines Zahlungsbefehls) betrifft.

§ 12. (1) Bei allen nach außen gehenden Schriftstücken in Angelegenheiten, die dem Richter oder Staatsanwalt gesetzlich obliegen, ist als Behörde, von der sie ausgehen, das Amtsgericht oder die Staatsanwaltschaft zu bezeichnen. Der Unterschrift ist — auch wenn eine Entlastung nicht stattfindet — die Amtsbezeichnung des Beamten und gegebenenfalls die Eigenschaft als Rechtspfleger beizufügen.

(2) Besteht das übertragene Geschäft in der Aufnahme einer Urkunde, so ist in dieser die Amtsbezeichnung des Beamten sowie seine Eigenschaft als Rechtspfleger anzugeben.

§ 13. (1) Die Gültigkeit eines vom Richter oder Staatsanwalt wahrgenommenen Geschäfts wird dadurch nicht berührt, daß es dem Rechtspfleger zur selbständigen Wahrnehmung übertragen war.

(2) Der Rechtspfleger ist dafür verantwortlich, daß er sich der selbständigen oder weiteren selbständigen Wahrnehmung von Geschäften enthält, wenn sie ihm nach dieser AV. nicht zusteht, oder wenn er auf Grund der Bestimmungen der §§ 9, 10, 15 Abs. 3, 16 lit. a Abs. 2, 17 Abs. 2 die Sache dem Richter oder Staatsanwalt vorzulegen hat.

(3) Ein vom Rechtspfleger selbständig wahrgenommenes Geschäft hat nur dann die Wirksamkeit eines richterlichen oder staatsanwaltlichen Geschäfts, wenn es zur Zeit der Vornahme ihm übertragen war.

§ 14. Die selbständige Wahrnehmung richterlicher oder staatsanwaltlicher Geschäfte durch Rechtspfleger erstreckt sich auch auf diejenigen übertragenen Geschäfte, die auf Ersuchen einer anderen Behörde zu erledigen sind.

. . .

IV. Vormundschaftsgerichtliche Sachen.

§ 17. (1) Die Anordnung einer Vormundschaft, Gegenvormundschaft, Pflegschaft und Beistandschaft bleibt dem Richter vorbehalten, soweit es sich nicht um eine Vormundschaft über ein uneheliches Kind oder um eine Pflegschaft zum Zwecke der Geltendmachung eines auf dem öffentlichen Rechte beruhenden Rentenanspruchs handelt.

(2) Kommt bei der Bearbeitung eines übertragenen Geschäfts durch einen Rechtspfleger die Anordnung einer dem Richter vorbehaltenen Vormundschaft, Gegenvormundschaft, Pflegschaft oder Beistandschaft in Frage, so ist die Sache dem Richter zur Entscheidung vorzulegen.

§ 18. (1) Zur selbständigen Wahrnehmung sind geeignet:

a) das Ersuchen an den Waisenrat um Vorschlag eines Vormundes, Gegenvormundes, Pflegers oder Beistandes,

b) die Anordnung einer Vormundschaft oder Pflegschaft, die nach § 17 Abs. 1 nicht dem Richter vorbehalten ist, einschließlich der in § 46 des Reichsgesetzes über die freiwillige Gerichtsbarkeit dem Vormundschaftsgericht übertragenen Maßnahmen,

c) die Verpflichtung des Vormundes, Gegenvormundes, Pflegers oder Beistandes. Die Verpflichtung umfaßt auch die Wahrnehmung der richterlichen Aufgaben im Verpflichtungstermin, insbesondere die Rechtsbelehrung, die Erteilung der Bestallung und die Mitteilung an den Gemeindewaisenrat.

(2) Die Verpflichtung umfaßt auch die Auswahl des Vormundes, Gegenvormundes, Pflegers oder Beistandes, soweit nicht die Anordnung der Vormundschaft usw. gemäß § 17 Abs. 1 dem Richter vorbehalten ist. Soweit die Anordnung dem Richter vorbehalten ist, gilt der Rechtspfleger als ermächtigt, die vom Gemeindewaisenrate vorgeschlagene Person zu verpflichten, wenn sich der Richter die Entscheidung nicht vorbehält.

(3) Bei einer Vormundschaft oder Pflegschaft, deren Anordnung dem Rechtspfleger übertragen ist, hat eine Vorlegung der Eingänge insoweit zu unterbleiben, als nicht eine gemäß § 22 dem Richter vorbehaltene Maßregel erforderlich wird.

§ 19. (1) Zur selbständigen Wahrnehmung sind ferner geeignet:

a) die Erteilung der Bescheinigung über den Eintritt der gesetzlichen Amtsvormundschaft (§ 37 des Jugendwohlfahrtsgesetzes),

b) die Erteilung der Genehmigung zur Abhebung von Sparkassengeldern innerhalb der vom Landgerichtspräsidenten (Amtsgerichtspräsidenten) näher nach Zeit und Betrag zu bestimmenden Grenzen sowie die Aufhebung des Sperrvermerks in Sparkassenbüchern nach Beendigung der Vormundschaft,

c) die Festsetzung der Auslagen von Verwandten und Verschwägerten (§§ 1308, 1673, 1847 BGB.),
d) die Beurkundung der Anerkennung der Vaterschaft und der Verpflichtung des ehelichen oder unehelichen Vaters zur Zahlung von Unterhaltsbeiträgen in vollstreckbarer Form,
e) die Beurkundung und die Entgegennahme der in § 1577 Abs. 2 und 3 BGB. vorgesehenen Erklärungen (Wiederannahme des Mädchennamens durch die geschiedene Ehefrau, Untersagung der Weiterführung des Namens des Mannes durch die Frau seitens des Mannes),
f) die Entgegennahme der Erklärung des Vaters (der Mutter) auf Verzicht auf die Nutznießung am Vermögen des Kindes (§§ 1662, 1686 BGB.),
g) die Beurkundung und die Entgegennahme der Erklärung über Namenserteilung seitens des Ehemannes der Mutter an das uneheliche Kind sowie der Einwilligung des Kindes und der Mutter (§ 1706 Abs. 2 BGB.),
h) die Erteilung des Armutszeugnisses aus den Vormundschaftsakten zur Klageerhebung,
i) die Anhörung des in der Geschäftsfähigkeit Beschränkten durch das Vormundschaftsgericht in Namensänderungssachen (§ 3 Satz 2 der Verordnung vom 3. November 1919 — GS. S. 177 — und Verordnung vom 29. Oktober 1920 — GS. S. 515 —).

(2) Soweit eine Übertragung erfolgt ist, hat eine Vorlegung nach § 5, auch soweit es sich um aufgenommene Protokolle und Vermerke handelt, zu unterbleiben. Desgleichen hat die Vorlegung der Anzeige des Jugendamtes über den Eintritt der gesetzlichen Amtsvormundschaft zu unterbleiben.

§ 20. (1) Zur selbständigen Wahrnehmung sind ferner geeignet:

a) das Einfordern von Erziehungs- und Führungsberichten sowie deren Prüfung,
b) das Einfordern und die Prüfung von Rechenschaftsberichten und Vermögensübersichten einschließlich der Schlußrechnung, die Anordnung der Ergänzung eines eingereichten Vermögensverzeichnisses, die Anordnung der Vorlegung von Büchern und Belegen,
c) die Beaufsichtigung der Geschäftsführung des Vormundes, Gegenvormundes, Pflegers, Beistandes, insbesondere das Setzen von Fristen und die Überwachung ihrer Innehaltung.

Die Übertragung umfaßt nicht die auf Grund der Prüfung der Berichte oder der Beaufsichtigung der Geschäftsführung etwa notwendig werdenden vormundschaftsgerichtlichen Maßregeln, soweit es sich nicht um Zwischenverfügungen handelt, die der endgültigen Entscheidung nicht vorgreifen.

§ 21. Der Landgerichtspräsident (Amtsgerichtspräsident) kann weitere Geschäfte einfacherer Art als geeignet bezeichnen. Er kann auch alle Geschäfte des Vormundschaftsrichters mit Ausnahme der nach §§ 17, 22 dem Richter vorbehaltenen als geeignet bezeichnen, soweit sich nicht der Richter die Erledigung des Geschäfts im Einzelfall vorbehält.

§ 22. Dem Richter bleiben vorbehalten:

a) die nicht durch das Bürgerliche Gesetzbuch geregelten Geschäfte des Vormundschaftsgerichts, soweit nicht die in § 19 dieser Verfügung bezeichneten Geschäfte in Betracht kommen,
b) die Volljährigkeitserklärung,

c) die Geschäfte, betreffend die Eingehung, die Anfechtung und die Wirkungen der Ehe (IV. Buch, 1. Abschnitt, 2. bis 5. Titel), mit Ausnahme der Erteilung des Wiederverheiratungszeugnisses (§ 1314 BGB.) und der Befreiung von der Wartezeit (§ 1313 BGB.),

d) die Ersetzung der Zustimmung und der Genehmigung eines Ehegatten oder, im Falle der fortgesetzten Gütergemeinschaft, eines Abkömmlings zu einem Rechtsgeschäft,

e) die Geschäfte, welche die Anfechtung der Ehelichkeit eines Kindes, die Ehelichkeitserklärung und die Annahme an Kindes Statt betreffen, soweit sie eine richterliche Entscheidung enthalten,

f) die vormundschaftsgerichtlichen Entscheidungen auf Gestattung und Genehmigung, soweit es sich nicht um Abhebung von Sparkassenguthaben gemäß § 19 lit. b dieser Verfügung oder um die Genehmigung von Lehrverträgen oder Verträgen über Eingehung eines Dienst- oder Arbeitsverhältnisses (BGB. § 1822 Nr. 6 und 7) handelt,

g) die Entziehung der Vertretungsmacht (§§ 1630, 1686, 1694, 1796, 1897, 1915 BGB.),

h) die Maßnahmen hinsichtlich der Personenfürsorge, soweit sie ein Eingreifen aus § 1666 BGB., die religiöse Erziehung, die Unterbringung in einer Erziehungs- oder Besserungsanstalt sowie die Regelung des Rechtes der Sorge für die Person und des Verkehrs mit den Kindern bei geschiedenen Ehen betreffen,

i) die Maßnahmen hinsichtlich der Vermögensfürsorge, soweit sie ein Eingreifen auf Grund der §§ 1667, 1668, 1844, 1915 BGB., den Verbrauch von Mündelgeld durch den gesetzlichen

Vertreter, die Erteilung einer allgemeinen Ermächtigung für gewisse genehmigungspflichtige Rechtsgeschäfte und die Änderung der Anordnungen eines Erblassers oder eines Dritten hinsichtlich des dem Vertretenen unentgeltlich Zugewendeten betreffen,

k) die Änderung der Bestimmungen der Eltern über die Unterhaltsgewährung,

l) die Ersetzung der von einem Gewalthaber verweigerten Zustimmung oder Genehmigung sowie die Entscheidung von Meinungsverschiedenheiten mehrerer Gewalthaber,

m) die Unterstützung des Gewalthabers durch Zuchtmittel,

n) die Maßnahmen aus §§ 1665, 1685 Abs. 2, 1686, 1846, 1915 BGB.,

o) die Entlassung eines Vormundes, Gegenvormundes, Pflegers oder Beistandes wegen Pflichtwidrigkeit,

p) die Aufhebung einer vorläufigen Vormundschaft (§ 1908 Abs. 3 BGB.), einer nach § 1687 Nr. 3 BGB. angeordneten Beistandschaft und einer Pflegschaft im Falle des § 1919 BGB.,

q) die Entziehung der dem Vater (der Mutter) zustehenden Befreiungen (§§ 1903, 1904, 1915 BGB.),

r) die Genehmigung der Abweichung von den Bestimmungen der Eltern hinsichtlich der Geschäftsverteilung bei mehreren Vormündern und die Außerkraftsetzung der Anordnungen des Vaters (der Mutter), betreffend die befreite Vormundschaft oder Pflegschaft (§§ 1857, 1915 BGB.),

s) die den Familienrat betreffenden Anordnungen und Entscheidungen,

t) die dem Vormundschaftsgericht im V. Buch, 4. und 7. Abschnitt des BGB. übertragenen Geschäfte (bei Erbvertrag und Erbverzicht).

V. Grundbuchsachen.

§ 23. (1) Zur selbständigen Wahrnehmung geeignet sind:

a) das Unterschreiben der vom Richter verfügten Eintragungen und der Hypotheken-, Grundschuld- und Rentenschuldbriefe sowie der beglaubigten Abschriften aus dem Grundbuch und der Vermerke auf den Briefen,

b) die Beurkundung der der Form des § 29 GBO. bedürfenden Eintragungsbewilligungen und der sonstigen zur Eintragung erforderlichen Erklärungen sowie die Entgegennahme von Auflassungen, und zwar einschließlich der folgenden regelmäßig damit verbundenen Beurkundungen: der Schuldurkunden, der Unterwerfung unter die sofortige Zwangsvollstreckung aus der Urkunde, der Abtretungs- und Verpfändungserklärungen sowie der Empfangsbescheinigungen. Ausgenommen sind die Beurkundungen und Auflassungen in den Fällen, in denen die in § 26 aufgeführten Rechtsverhältnisse vorliegen, sowie in den Fällen, in denen es sich um Grundstücke außerhalb des Amtsgerichtsbezirkes handelt,

c) die Verfügungen, betreffend Eintragung und Löschung auf Ersuchen einer zuständigen Behörde,

d) die regelmäßigen Verfügungen zur Erhaltung der Übereinstimmung zwischen Grundbuch und Steuerbuch einschließlich der Fortschreibungen, die eine Zerlegung der bislang unter einer Katasterbezeichnung geführten Parzelle in mehrere Parzellen mit verschiedener Katasterbezeichnung und die eine Zusammenfassung mehrerer Parzellen in eine einheitlich bezeichnete Parzelle enthalten.

Ausgenommen von der Übertragung sind jedoch die Fortschreibungen, die eine Grenzveränderung unter Berichtigung eines materiellen Irrtums enthalten,

e) die Erledigung von Anträgen auf Erteilung von Abschriften und auf Bescheinigungen über den Inhalt des Grundbuchs oder der Grundakten sowie auf Rückgabe von Urkunden,

f) die Antwort auf Anfragen über den Inhalt des Grundbuchs,

g) die Entscheidung auf Anträge, betreffend die Gestattung der Einsicht des Grundbuchs und der Grundakten,

h) die Entscheidung über Versendung von Grundakten an andere Behörden und die Überwachung der Rücksendung.

(2) Soweit eine Übertragung erfolgt ist, hat die Vorlegung nach § 5 in den Geschäften zu d bis h zu unterbleiben.

§ 24. (1) Der Landgerichtspräsident (Amtsgerichtspräsident) kann die Entscheidung auf Eintragungsanträge einfacherer Art als geeignet bezeichnen.

(2) Er kann auch die Entscheidung auf alle Eintragungsanträge als geeignet bezeichnen, soweit sich nicht der Richter die Entscheidung im Einzelfalle vorbehält.

(3) Die Entscheidung auf Eintragungsanträge auf Grund des Industriebelastungsgesetzes vom 30. August 1924 (RGBl. II S. 257) und der dazu ergangenen

Durchführungsverordnungen kann nicht als geeignet bezeichnet werden. Das gleiche gilt von den Entscheidungen auf Eintragungsanträge auf Grund des Aufwertungsgesetzes vom 16. Juli 1925 (RGBl. I S. 117) und der dazu ergangenen Durchführungsverordnungen, soweit es sich nicht handelt

1. um die Eintragung des Widerspruchs auf Grund des § 8 AwG.,
2. um die Eintragung der Widersprüche gemäß § 16 Abs. 2 und 3 und § 31 AwG.

(4) Die Entscheidung über die Eintragung von Widersprüchen gemäß §§ 17, 32, 78 AwG. kann nicht als geeignet bezeichnet werden.

(5) Soweit die Entscheidung auf Eintragungsanträge als geeignet bezeichnet ist, erstreckt sich die Befugnis des Rechtspflegers auch auf die Bildung der Hypotheken-, Grundschuld- und Rentenschuldbriefe.

§ 25. Vollzieht der Rechtspfleger statt des Richters die Unterschriften unter den Eintragungen im Grundbuch und unter den beglaubigten Abschriften, Briefen und Vermerken, so unterzeichnet als Grundbuchführer ein zweiter Bürobeamter oder ein vom Behördenvorstand ermächtigter Büroangestellter oder Kanzleibeamter.

§ 26. Der Richter soll von dem Vorbehalte Gebrauch machen,

a) wenn derjenige, dessen Recht von der Eintragung betroffen wird, nicht im Grundbuch eingetragen ist (z. B. der Eigentümer hinsichtlich der getilgten Teile einer Hypothek), insbesondere wenn derjenige, dessen Recht von der Eintragung betroffen wird, Rechtsnachfolger des eingetragenen Berechtigten ist, es sei denn, daß die Rechtsnachfolge durch öffentliche oder öffentlich beglaubigte Ur-

unterbleiben, es sei denn, daß der Erblasser ein Ausländer war.

§ 28. Der Landgerichtspräsident (Amtsgerichtspräsident) kann weitere Geschäfte einfacherer Art mit Ausnahme der nach § 30 dem Richter vorbehaltenen als geeignet bezeichnen.

§ 29. Der Richter soll sich die Sache vorbehalten, wenn der Erblasser ein Ausländer war.

§ 30. Dem Richter bleiben vorbehalten:

a) die Anordnung einer Nachlaßpflegschaft sowie diejenigen Geschäfte des Nachlaßgerichts hinsichtlich der Nachlaßpflegschaft, welche den von der Übertragung ausgeschlossenen Geschäften in Vormundschaftssachen entsprechen,

b) die Anordnung und die Aufhebung einer Nachlaßverwaltung,

c) die Abnahme eines Offenbarungseides,

d) die Ernennung eines Testamentsvollstreckers,

e) die Entscheidung bei Meinungsverschiedenheit mehrerer Testamentsvollstrecker und die Außerkraftsetzung der vom Erblasser durch letztwillige Verfügung getroffenen Anordnungen (§§ 2224, 2216 BGB.),

f) die Entlassung des Testamentsvollstreckers wegen grober Pflichtverletzung oder Unfähigkeit (§ 2227 BGB.),

g) die Erteilung und Einziehung eines Erbscheins, eines Testamentsvollstreckerzeugnisses und eines Zeugnisses über die Fortsetzung der Gütergemeinschaft,

h) die Feststellung des Erbrechts des Fiskus (§ 1964 BGB.),

i) die Vermittlung der Auseinandersetzung in Ansehung des Gesamtguts einer beendigten ehelichen oder fortgesetzten Gütergemeinschaft (§ 99 RFGG.).

VII. Sonstige Angelegenheiten der freiwilligen Gerichtsbarkeit.

§ 31. (1) Zur selbständigen Wahrnehmung sind geeignet:

a) die Wahrnehmung der Geschäfte, betreffend den Austritt aus einer Religionsgesellschaft öffentlichen Rechts oder einer Synagogengemeinde,

b) die Aufforderung zur Einreichung von Urkunden gemäß §§ 244, 259, 260, 265 HGB., §§ 40, 52 des Gesetzes, betreffend GmbH., §§ 33 Abs. 2, 58 GenGes. und die darauf zu erlassende Verfügung,

c) die gesamte Bearbeitung des Handelsregisters A,

d) die Bearbeitung des Handelsregisters B, soweit es sich handelt um

1. den Vermerk über Errichtung oder Aufhebung einer Zweigniederlassung im Register der Hauptniederlassung (§ 131 RFGG.),
2. die Eröffnung des Konkursverfahrens,
3. die Löschung einer Gesellschaft nach Beendigung der Liquidation,
4. den Wechsel in der Person der Geschäftsführer, Vorstandsmitglieder, ihrer Stellvertreter oder der Liquidatoren sowie die Erteilung oder das Erlöschen einer Prokura,
5. die Bestimmung über die Aufbewahrung der Bücher und Schriften nach Beendigung der Liquidation (§ 302 HGB., § 74 Gesetz, betreffend GmbH.),

e) die Bearbeitung des Genossenschaftsregisters, soweit es sich handelt um
   1. den Vermerk über Errichtung oder Aufhebung einer Zweigniederlassung im Register der Hauptniederlassung (§§ 131, 147 RFGG., § 19 II der Bekanntmachung vom 1. Juli 1899 — RGBl. S. 347 —),
   2. die Eröffnung des Konkursverfahrens,
   3. die Löschung einer Genossenschaft nach Beendigung der Liquidation,
   4. den Wechsel in der Person der Vorstandsmitglieder oder ihrer Stellvertreter oder der Liquidatoren,
   5. die Bestimmungen über die Aufbewahrung der Bücher und Schriften nach Beendigung der Liquidation,
   6. die Bestellung von Revisoren,
   7. die Führung der Liste der Genossen,

f) die Bearbeitung von Anträgen auf Eintragung in das Musterregister,

g) die Bearbeitung von Anträgen auf Eintragung in das Güterrechtsregister, soweit es sich nicht um altrechtliche Güterstände oder um ausländische Ehegatten handelt,

h) die Bearbeitung des Vereinsregisters, soweit es sich handelt um
   1. die Eröffnung des Konkursverfahrens,
   2. den Wechsel in der Person der Vorstandsmitglieder oder Liquidatoren,
   3. die erneute Bestellung eines Vorstandsmitgliedes (§ 67 BGB.),
   4. die Eintragung der Entziehung der Rechtsfähigkeit und der Auflösung des Vereins (§§ 43, 73, 74 Abs. 3 BGB.),

i) die Erledigung von Anträgen auf Erteilung beglaubigter Abschriften, auch auszugsweiser Abschriften, sowie von Zeugnissen und Bescheinigungen aus den Registern, soweit sie dem Richter zusteht, sowie die Erteilung tatsächlicher Auskünfte aus den Registern und Registerakten,

k) die Beglaubigung eines Handzeichens,

l) die Wahrnehmung folgender Geschäfte der Aufwertungsstelle:

1. die Bearbeitung der Anmeldungen (§§ 16, 17, 31, 78 AwG.) bis zum Eingang des Einspruchs, einschließlich der Abgabe der Akten an das Grundbuchamt, wenn ein Einspruch nicht eingelegt und die Wiedereintragung der Hypothek, Grundschuld oder Rentenschuld beantragt ist,
2. die Ermittlung des Wehrbeitragswertes (§ 70 Nr. 1 AwG.).

(2) Soweit eine Übertragung erfolgt ist, hat die Vorlegung nach § 5 zu unterbleiben mit Ausnahme der Eingänge, betreffend den Wechsel von Vorstandsmitgliedern und ihren Stellvertretern bei Aktiengesellschaften und Kommanditgesellschaften auf Aktien, sowie betreffend das Güterrechtsregister.

§ 32. Zur selbständigen Wahrnehmung geeignet ist ferner die Bearbeitung des See- und des Binnenschiffsregisters unter entsprechender Anwendung der §§ 23 bis 25, 26 lit. a bis c.

Anhang
zum preußischen Gesetz über die freiwillige Gerichtsbarkeit.

1. Verordnung, betreffend die Änderungen von Familiennamen.

Vom 3. November 1919 (GS. S. 177).

§ 1. Der Familienname preußischer Staatsangehöriger kann, soweit nicht das Bürgerliche Gesetzbuch ein anderes vorschreibt, nur mit der Ermächtigung des Justizministers geändert werden. Der Justizminister kann die Entscheidung über solche Anträge nachgeordneten Behörden übertragen.*)

Der Allerhöchste Erlaß vom 12. Juli 1867 (GS. S. 1310) wird aufgehoben.

§ 2. Der Antrag auf die Ermächtigung ist bei dem preußischen Amtsgerichte zu stellen, in dessen Bezirke der Antragsteller seinen Wohnsitz oder in Ermangelung eines preußischen Wohnsitzes seinen Aufenthalt hat. Hat der Antragsteller in Preußen weder Wohnsitz noch Aufenthalt, so bestimmt der Justizminister das zuständige Amtsgericht. Der Antrag kann zu Protokoll des Gerichtsschreibers gestellt werden.

§ 3. Für Personen, die in der Geschäftsfähigkeit beschränkt oder geschäftsunfähig sind, wird der Antrag

---

*) Satz 2 hinzugefügt durch Verordnung vom 25. Juli 1928.

von dem gesetzlichen Vertreter gestellt; ist dieser ein Vormund oder Pfleger, so bedarf er der Genehmigung des Vormundschaftsgerichts. Hat der in der Geschäftsfähigkeit Beschränkte das 16. Lebensjahr vollendet, so ist er von dem Vormundschaftsgericht über den Antrag zu hören.

§ 4. In dem Antrage sind die tatsächlichen Verhältnisse, welche ihn begründen, darzulegen. Beizufügen sind:

1. der Nachweis der preußischen Staatsangehörigkeit;
2. die zum Nachweise der in Betracht kommenden Namens- und Familienverhältnisse erforderlichen beglaubigten Auszüge aus den Standesregistern.

§ 5. Das Amtsgericht hat alle für die Entscheidung über den Antrag erheblichen Umstände von Amts wegen festzustellen und dabei insbesondere außer den unmittelbar Beteiligten die Gemeindebehörde und solche Personen des Wohnsitzes oder Aufenthaltsorts des Antragstellers zu hören, deren Rechte durch die Namensänderung berührt werden.

Nach Abschluß aller Ermittelungen hat das Amtsgericht unmittelbar an den Justizminister zu berichten. Soweit die Namensänderung offensichtlich unlauteren Zwecken dient, kann das Amtsgericht den Antrag zurückweisen. Der Antragsteller kann hiergegen die Entscheidung des Justizministers anrufen.

§ 6. Der Justizminister kann, soweit es zur Verhütung der Beeinträchtigung der Rechte Dritter erforderlich erscheint, die Veröffentlichung des Antrags unter Bestimmung einer Frist zur Geltendmachung von Einwendungen anordnen. Die Veröffentlichung erfolgt durch das Amtsgericht nach Anordnung des Justizministers.

§ 7. Die Änderung des Familiennamens erstreckt sich, soweit nicht bei der Ermächtigung ein anderes bestimmt ist, zugleich auf die unter elterlicher Gewalt stehenden Kinder des Antragstellers und, wenn eine Frau den Antrag gestellt hat, auf ihre unehelichen minderjährigen Kinder.

§ 8. Der Justizminister kann anordnen, daß die Ermächtigung (§ 1) durch einmaliges Einrücken in den Reichsanzeiger, in den Preußischen Staatsanzeiger oder in einer anderen Zeitung auf Kosten des Antragstellers bekanntzumachen ist; die Bekanntmachung erfolgt durch das Amtsgericht. Das Amtsgericht veranlaßt die Eintragung eines Randvermerkes im Geburts- und Heiratsregister.*)

---

2. Verordnung über die Namen der Mitglieder der vormals landesherrlichen Familie.

Vom 27. November 1923 (GS. S. 548).

Auf Grund des § 39 des Gesetzes über die Aufhebung der Standesvorrechte des Adels und die Auflösung der Hausvermögen vom 23. Juni 1920 (GS. S. 367) wird folgendes bestimmt:

Den Mitgliedern der vormals landesherrlichen Familie steht der Name „Prinz von Preußen“ zu. Demgemäß kommt bei den Eintragungen in öffentliche Bücher und Register, bei der Unterschrift von Urkunden sowie für die Anschriften nur dieser Name in

*) Geändert durch Verordnung vom 30. Januar 1923.

Betracht. Bezeichnungen wie „Deutscher Kaiser und König von Preußen", „Kaiser und König", „Kaiserin", „Kronprinz (Kronprinzessin) des Deutschen Reichs und von Preußen" oder einfach „Kronprinz (Kronprinzessin)" dürfen nicht mehr gebraucht werden.

Der Vorname hat dem bezeichneten Namen voranzugehen (z. B. Wilhelm Prinz von Preußen, nicht Prinz Wilhelm von Preußen).

Zu den durch § 1 II Nr. 3 des Adelsgesetzes beseitigten Prädikaten gehören auch die Prädikate „Majestät" sowie „Kaiserliche und Königliche Hoheit".

Sachregister.

(Die Zahlen bedeuten die Seiten.)